光 明 城
LUMINOCITY

U0247150

看见我们的未来

Architecture Pedagogies on the Move

建筑教育前沿丛书

Teaching Archives of CAUP Special Program, Tongji University

同济大学建筑与城市规划学院实验班教学档案

基本练习

Basic Exercise

王彦　王红军　王凯

WANG Yan, WANG Hongjun, WANG Kai

编著

同济大学出版社·上海

TONGJI UNIVERSITY PRESS · SHANGHAI

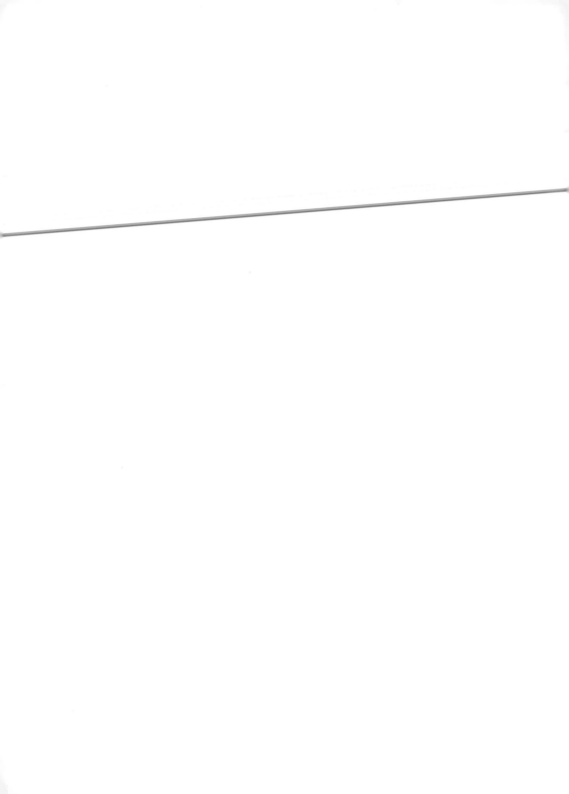

1

课程构想

Curriculum Conception:
The Origin
of Basic Exercise

基本练习的由来

王彦
WANG Yan

我本科在同济学习，毕业后去苏黎世联邦理工大学（Eidgenössische TechnischeHochschule Zürich，下文简称 ETH）继续深造，硕士毕业后曾在瑞士巴塞尔的赫尔佐格和德梅隆建筑事务所工作，之后又回到国内做建筑设计实践。经历过这些，我常对自己所经历的同济和瑞士的教育情况、工作情况有所思考。

具体精神

瑞士令我印象深刻的是它的具体精神。这并不局限于建筑方面，瑞士人几乎对生活的各方面都要求精准。"Du musst ganz genau sein"（你必须完全精确），是我在瑞士讨论各种问题时经常听到的一句话。在建筑设计过程中，这句话体现了建筑师对于结构、材料、构造，甚至对于每一条缝隙的对位都有执着的追求；而在建筑教育中，精确意味着更广泛的教学范围，从1:500比例的城市建筑关系，到1:20比例的墙身构造大样，都要求学生能有效地掌握。这使得建筑从业者在设计的探讨过程中，逐步抓到一个个"具体"的空间精神。这很不同于"先有概念，再出设计"的方法。

"碎片"的连续

欧洲城市在空间氛围上的连续性也给我非常深刻的印象。刨去独树一帜的明星公共建筑作品不谈，大部分欧洲城市都有着完整连续的城市空间界面和氛围。"Stadtebau"（城市建筑）作为重要的设计思想始终根植于每一代欧洲建筑师的观念中。反观中国的城市，由于生活习惯、规划条例，以及种种复杂历史原因，很多都显得"碎片化"，我生长生活的上海就是很典型的例子。我常思考一个问题：在既成事实的"碎片城市"中，是否还需要注重"连续性"的建筑设计观？我想，对比很多有完整氛围的欧洲名城，"碎片化"的上海是丰富多样的，自有独特之处。但这些有着既有城市氛围特征的"碎片"里，同样需要注重"连续性"的建筑设计。"碎片"如果继续碎下去，终会成为"粉末"，没有了精神。而这里所指的"连续性"，并非指立面式样的复古，而是建立与既有建筑的内在关联，形成新建筑的精神品质，维护城市街区的连续氛围。

在 ETH 的求学体会

回顾自己在同济大学和 ETH 的建筑教育经历，会发现两者有着很大的不同。

同济大学是鼓励创新、教育思路比较开阔的学校。其教育体系由浅入深，也按照建筑功能复杂程度循序渐进地来安排设计课程，所以学生们基本能够很好地解决功能流线等设计问题，比国外的学生更迅速。中国人口数量多、建筑规模大且类型复杂，而这种条件在瑞士是较少遇到的。同时，国内教育对于快速表现和大效果把握有专门训练，所以在设计的整体快速表达上，我们的学生似乎比国外的学生能力更强。

我在 ETH 时，曾受教于几位教授，其中汉斯·科尔霍夫（Hans Kollhoff）[1] 教授研究室的课程，使我在设计观上有比较大的转变。

科尔霍夫教授的课程有几个特点。第一是开口比较小，不指望学生在一个学期里把所有的问题全部解决清楚，但是会挖得很深。其课程中有一项要求是让学生按真实的条件从材料库中选择材料并设计构造——不仅剖面要画清楚，而且要由构造老师评论。这一点与我的本科教育要求反差比较大，我本科时的作业几乎一直停留在1:100比例的平立剖面图上，相比之下科尔霍夫教授所要求的1:20大样构造图无疑更加深入。

第二个特点是强迫性。老师会通过一套完整的教学训练传授他的设计方法，对于学生

[1] 汉斯·科尔霍夫是德国著名建筑师，ETH建筑学院终身教授，后现代主义和新古典风格的代表人物，师从汉斯·霍莱茵（Hans Hollein）、奥斯瓦尔德·玛蒂亚斯·翁格尔斯（Oswald Mathias Ungers）等，代表作品包括柏林亚历山大高层建筑区总体规划、波茨坦广场办公楼群等。[2] ⋯⋯⋯⋯⋯⋯⋯⋯⋯⋯⋯⋯筑学院建筑理论教授，捷克著名经济学家奥塔·希克（Ota Šik）之子，代表著作有 *Old New Thoughts:Texts and Conversations 1987-2001* 等，曾代表瑞士参加2012年第十三届威尼斯建筑双年展。

在学习过程中所持观点是否与其一致却并不介意。学生对自己感兴趣的其他方法，可以留作以后研究，但是在课程内，学生必须学习老师在实践过程中已经总结出来的这套方法。

第三点是从来不问学生想做什么概念——当所有的问题都得到解决，概念自然就出来了。我当时的设计题目是小住宅，其日常性有别于标志性建筑，强调整体性——一座住宅的出现不能与其所在的城市格局格格不入，这是教授的强制要求。我在学习时不太明白这样的用意，所以也曾试图做一些比较反叛的、标志性比较强的设计，结果是教授不允许你这么做。在这个学习过程中，我体会到老师通过一套练习来传递其方法及价值观，告诉学生什么是不可以的。同济的教育中，往往是学生想做的概念，老师鼓励并引导协助来实现。而在科尔霍夫教授的课程里正好相反，老师告诉你什么是不可以的，只有知道什么是不可以的，才会有价值观。

ETH 的老师之间未必是相互认同观点的，这对于学生来说则形成了一种多元化的教学氛围。比如我曾受教于米罗斯拉夫·希克（Miroslav Šik）[2]教授，他有着完全不同于科尔霍夫教授的追求和见解，他的"类比建筑学"的设计方法同样让我受益匪浅。ETH 为学生营造了百家争鸣的学习环境。

ETH 对毕业生的能力要求非常综合，除毕业设计之外，还要求学生通过建筑法规、建筑施工、建筑物理、建筑设备等各个项目的考试。这与中国的注册建筑师资格考试很相近。ETH 要培养的是具有全面职业素养的精英建筑师。与之相比，国内五年本科毕业生的能力素养还不够全面，这一点也是我们与之差距比较大的地方。

我现在做设计的时候，习惯先把用什么材料、什么构造，是否能良好实现等问题思考清晰后再开始动手，这是一个很深远的影响。我希望在实验班的设计课程中能结合国情，充分借鉴 ETH 几位教授课程的优秀之处。

观念与方法
——对科尔霍夫课程的借鉴

首先，科尔霍夫教授的设计训练对于学生建立关于城市的基本看法有可取之处。在城市中，日常建筑应该遵循城市的连续性。尽管亚洲城市本身很复杂，但在上海这样的"碎片"城市中，在既有城市氛围特征的"碎片"里保证比较连续完整的面貌非常有必要。

在连续三年的教学中，我们按照历史由远及近的顺序挑选基地：先是九江路百年外滩区域，有非常严整的街区（block）建筑界面，类似欧洲城市；然后是武康路历史住区，有着清晰连续的街道建筑界面；再到曹杨新村，中华人民共和国成立之后设计建造的典型新村住区，严格讲求住宅南北向布置，但氛围依然是整体连续的。在上海城市中，这三处选址都属非常典型但年代有所不同的"碎片"，课题试

▼ 科尔霍夫石膏体教学照片

图探求的是怎样在不同程度上恰当回应特定场地的连续性，并在日常建筑中营建出空间品质与精神。同时，对这样的设计价值观的传递也是我们的教学出发点之一。

其次，科尔霍夫的这套训练比较全面。二年级初入实验班的学生是第一次做比较全面的设计，从1:500总平面到1:20的墙身大样都需要完成，要思考的程度比以前更深。在这个过程中，学生得到的是对建筑设计比较全面而具体的认识，而不是没有材料、没有节点、没有构造的纸模型式的认知。当然也会出现各种问题，比如学生有的时候对于构造不能灵活运作，需要老师依靠丰富的经验进行辅导。

第三，教师团队想尝试下具有一定"强制性"的教学方式。尽管有同学会不适应，但这可能是一种价值观的传递方式。比如2014年的"外滩宾馆设计"课程中就出现过比较极端的情况：即便我们的题目避开了图书馆、美术馆这类城市标志性建筑，而且宾馆的功能设置以及所在的街区条件都比较清晰明确，但仍然有同学做了一个很英雄主义的方案。尽管其自身的设计概念也是清楚的，但这样的建筑放在别的任何地方都可以。从教学的角度来看，他的设计方案没有城市连续性，不能达到课程要求，所以我们告诉他为什么这样不行，并要求他再提新的方案。

需要补充说明的是，根据实际情况，我们对科尔霍夫课程进行了浓缩。石膏体和小住宅设计在科尔霍夫教授的课程中占了两个学期，

前后是有关联的。前者探讨了对体量、比例、光影的基本感知，训练学生的感官敏感度；而后者传递了更具体的材料空间和空间序列塑造的设计方法。然而我们只有一个学期的教学时间，必须把它们浓缩在一起。这就有了"小练习"和"大设计"的课程安排。

课程所面对的质疑

二年级这套由科尔霍夫教学体系借鉴而来的课程往往会遭遇拷问："在欧洲学到的东西在中国有没有用？"我的答案是肯定的。在我的创作和实践过程中，我体会到自己在欧洲学到的东西都能有所应用，只是面对的文脉不同、类型不同，面对的主要矛盾不同。

在哈佛大学设计研究生院（Harvard University Graduate School of Design）的一次演讲中，曾经有学生问："我们建筑师的社会责任体现在哪儿？"我想就是在于自身的专业素养。建筑师未必需要提出宏大的社会构想，但建筑学的基本问题是建筑师不能回避的。从建筑比例到材料保温，甚至具体到一扇窗是否要开，一条缝是否应该对位，这些问题不应从建筑之外得到回答。不同的社会中，各异的文化、行为习惯会导致建筑形式的不同，但是人与城市建筑之间的关系是有共性的。我们并没有照搬欧洲城市的表象，而是希望对于基本问题作出适合于场地的解答。在这个基础上，我们自然而然会寻找到属于中国的城市建筑。

2

课程简介

Curriculum Introduction:
A Basic Exercise
on Specific Purpose

一次基于特定目标的基本练习

王红军 / 王凯
WANG Hongjun, WANG Kai

（一）缘起

"城市宾馆"的课题安排在二年级下学期，是同济大学复合型创新人才试验班（后文简称"实验班"）的第一个设计课程。虽然教学对象是实验班的学生，但在训练目的和内容上，我们并不计划以某种"实验性"的方式进一步扩展建筑设计教学的外延。相反，基于自身对于建筑设计教学的一些体会，并结合二年级学生的特点，我们希望能够重新聚焦建筑设计中的一些基本环节，进行一些有针对性的练习。

在教学中我们发现，二年级的学生们已经初步具备了基本的空间塑造意识和形态操作能力。一方面，学生们并不缺乏设计"概念"，很多同学甚至已经习惯于从某个"概念"出发完成整个建筑，但对于建筑形体和空间的认识还停留在抽象层面，缺乏对于建筑的物质性特征和建造的具体理解，其设计结果往往类似于某一"概念"的形体构成；另一方面，很多学生到了高年级后，依然对建筑设计的深度缺乏认识，不知怎样去深化一个设计。深度不仅仅是增加一点细部，还需要从城市背景到建筑体量、从空间氛围到细部做法，形成多层面的连贯性思考，最终达到一定深度。因此，课程希望以一种具体而深入的方式，在明确的城市环境中，与学生探讨建筑中的一些基本要素。这决定了课程更像是一种有所侧重的训练，一次基于特定目标的基本练习。

（二）借鉴

基于上述问题，我们就教案的设计进行了多次讨论。其间，王彦老师介绍了他在ETH接触到的科尔霍夫教授课程中的一些方法，我们都觉得这种严谨而系统的训练对于推进设计的深入是非常有效的。当时我们对于科氏的理解还局限于其对城市建筑形态的一种语言学式的阅读与操作。随着课程的进行，我们自身的认识也在不断深入。

科尔霍夫自1987年起执教于ETH。其20世纪80年代的实践多采用乌托邦式巨构般的体量存在于城市中，比如阿姆斯特丹的KNSM-Eiland住宅，还有南特大西洋科技园海上中心项目的方案，从中都可以看出其对建筑公共性和城市结构的探讨。而自20世纪90年代起，他的设计转向对于城市历时性结构的关注，设计重心也转变为对建筑在城市中的体量和立面的精心刻画。这种转变的背后，是科尔霍夫对现代主义建筑日益"去物质化"且逐渐变成一种空间创造游戏的担心："在格罗皮乌斯的法古斯车间和包豪斯校舍之间……好像……什么东西……就变成了艺术。那种本来觉得应该追随构造逻辑的建造发展成为一场越来越没有了尺度感或是物质属性的立方体们的自由游戏。本来高度发达并且被普遍认可的建筑法典忽然就失了效，而最初，人们直接抨击的不过就是建筑身上艳俗的闪光粉刷和硕大的铜把手这样一类用错地方的装饰而已。很快，建筑师们就开始用雕塑和艺术去对待建筑了——多么具有自由感觉的时刻呀！建筑开始

[1] 此处引自刘东洋对 KOLLHOFF 一书的翻译，非正式出版（详见 http://book.douban.com/annotation/11467663/）。

[2] 同上（详见 http://book.douban.com/annotation/11477240/）。

▼ (1) 课堂上的科尔霍夫教授（引自王英哲博客）

飞翔，建筑开始消解成为板面，既可以是地板也可以是天花板或是墙板，以前被当成一个建筑单元体的要素，此后，都成了一种自由的艺术构成。过去那种精确的完整的建筑物变成了一个永远都处在无制约的'形态变形过程'中的片段的集合。过去那种曾经普遍适用于这个行业的共享规则体系，此后，成了艺术家—建筑师明星的体系，这之后，建筑要的是个人永不枯竭的发明的本领。"[1]

在此，科尔霍夫表达了一种态度，即建筑应当被置于历史发展所形成的参照系中，是文化传统和生活经验的一部分，而非孤立的抽象艺术。因此，建筑的基本元素，台基、立柱、窗洞、过梁、檐口等，应当以一种建筑本身的物质逻辑去组织，按照重力传递的方式、传统的类型，以及人们的生活习惯进行构建。通过这种方式，科尔霍夫使建筑以一种恰当的姿态锚固在城市历时性的结构中。在此，形态（form）被赋予了多种含义，不仅仅是比例、材质和线条。"形态正是通过这样的方式呈现出来的——这里，形态意味着所有感觉可以捕捉到的东西：线条和表面、建筑和功能、表达与行为——所有能表达物体的基质的东西，所有传递出意义的东西，都是重要的，核心的，是一个物体所必需的。"[2]如果仅仅从立面最终的风格判断，科氏也许会被误读为一位古典主义或者布扎体系下的建筑师。然而他关注的并非风格本身，而是将其还原成为形态，并进行合理的现代表达。构造的表达是科尔霍

夫极为关注的，构造的意义不仅在于使各种材料合理地交接、发挥各自的功能，同时也是建造逻辑和文化意义的表达。事实上，当现代建筑使用保温和幕墙体系后，完全真实的建构表达就不存在了，建筑立面变成了覆层。但科尔霍夫依然希望过梁能够在窗洞两侧略为延伸，梁柱的关系能够体现重力的传递，立面的石板能够表现地质的沉积。这也是森佩尔（Gottfried Semper）所提出的建造表达的社会与文化意义。

科氏的理论也体现在他的教学方法中。他的课程训练方法严谨、完整、系统，并且有着非常清晰的环节设计，往往采用分步骤的办法，针对重点环节深入讨论。其教学中运用的一些媒介和方法也十分有效，例如：用捏泥巴的方式做出建筑的细部，采用身体操作的方式感知形体的精神力量；使用大比例石膏模型，探讨建筑的体积与立面语言形成的张力；利用大幅渲染图，对细节和整体氛围进行深度的探讨等。这些方式对特定问题的深入非常有效。因此，我们希望在教学中对这些方法进行适当借鉴，带给同学们一次深入而基本的练习。（见图1）

（三）练习

整个课程跨度约15周。教案采用分步的教学方法，在最后一个综合设计课题前，针对课题中一些相关的训练点，设置了两个"热身"练习。练习一是采用制作卡纸模型的手段，逐步完成对建筑形体的塑造。其关键词是"稳定

▲ (2) 练习一及练习二的过程

而有张力"(ausgewogen und spannend)，时长2.5周。首先，从单一立方体量入手，逐步引导学生采用比较的方法寻求并证明一个稳定而有张力的体量；其次，对体量进行开洞，使抽象体量获得基本尺度和形象，成为建筑物；最后一步是对开有洞口的体量进一步细化，利用体量本身的凸出凹进，形成立面的比例、层次和阴影。

整个过程需要保持"稳定而有张力"的视觉感受。这一关键词是练习的难点之一，其来自王彦老师在 ETH 求学期间参与过的科尔霍夫教授的设计课程。我们认为这一组词很好地描述了人工建造物的重要特质，虽然狭义来看，它更准确地反映了欧洲城市建筑的状态，但作为专项的训练仍是极有价值的。在科尔霍夫教授的课程中，这是一个持续一学期的系统训练，采用的是大比例石膏模型，在这里我们将其简化为一个利用卡纸模型推进的热身练习。

这一练习中，建筑是较为抽象的立方体，也没有给出具体的环境信息，学生们通过对体量、开窗、比例、层次、阴影等基本元素的细微比较，达到自己满意的状态。值得注意的是，受到历史街区环境和一些案例的影响，有些同学对历史建筑的立面语言和风格进行形式上的借鉴，而风格和语言并非这一练习的目的。因此教师一方面要把同学从风格的思维定势中解脱出来，另一方面要让同学将建筑元素还原成体积、线条和光影，通过细微处的比较和推敲，探讨形式、尺度、比例以及对力的传递的感知，以及这些因素之间的相互关系带给立面气质的微妙变化。整个练习以一种反复比较的方法推进，学生需要做大量的模型，探讨形体与立面细微的变化造成的感知差异，并最终达到一定的精确度。这也是贯穿整个课程的工作方法。这样的探讨对学生来说确实需要一个适应的过程，其中有可以进行逻辑讨论的部分，但更多需要观察和细腻的体会。因此这一环节的教学，采用同学相互发表意见、老师参与讨论并总结的方式。我们一开始也有些担心，对一些较为抽象的关键词，学生们的把握会有问题。但随着授课的推进，我们发现课堂讨论，特别是同学们之间的讨论非常有效。通过这些讨论，同学们对体量的稳定和张力，以及形体和立面的一些细腻差异，逐渐有了一些相通的感受。对同学而言，这也是一个感知的触角打开的过程。

练习二是进行一个房间的塑造，时长2周。以2015年的课题为例，基地选在了上海武康路这样一个有明确街道氛围的城市环境中。练习要求学生设计武康路上的一处室内空间，面

▼ (3) 王劲扬同学的练习二作业

积在 50 平方米以内。学生需要确定合适的空间比例，通过设置洞口、引入光线、明确尺度，并逐步完善材质和细部，形成明确的室内氛围。整个环节是依靠"大幅渲染图"这个工具进行的。

与练习一相比，练习二加入了具体材质和外部环境。学生需要通过对材质、细部、尺度，以及对外视线等因素的刻画形成空间的整体气质和氛围，并与具有特定氛围和风貌的基地环境建立关联。此外，这一练习关注的是内部空间，这也有助于学生从不同角度理解建筑的一些基本元素。例如窗元素，在室内空间中，窗户的设计需要考虑与身体和行为的紧密关系、光线对于室内的影响、窗框的材料、构造层次和与墙体的交接，以及窗的类型和文化含义。值得注意的是，在练习之初，我们发现同学们往往喜欢采用尺度夸张的空间和特殊光线，形成夺人眼球的戏剧性效果，似乎这样才是"有品质"的空间。而面对一处日常性的空间，他们却感觉无从下手。同学们可以做出很"炫"的视觉效果，却无法通过对基本元素的推敲，妥帖安置一个日常性的场所。应当说，对于二年级的学生，形态操作确实更容易入手，而无论是空间中的基本物性要素，还是其背后的文化和历史语境，却需要一定的经验积累才能理解。但另一方面，这也反映了当下建筑教育的某些缺失，以及一些建筑媒体过度的视觉性导向的影响。

这两个练习虽小，但我们感觉它们在整个教学中的作用很大。两个练习都很聚焦，所针对的是后续设计中的重要问题，其主要方法与后续教学也是一致的。这两个练习的周期也很短，给学生一定压力，使他们迅速反应和调整，避免以往设计课前见面时间漫从从容，为下面的综合设计进行了铺垫（见图2、图3）。

（四）基地

两届"城市宾馆"课题，基地都选择在上海具有明确街道界面和城市氛围的街区。第一次是在外滩地区，第二次是在上海武康路。这样的城市环境会为设计提供较为明确的参照，与整个教学方法也较为契合。

以第二年的武康路为例，基地选择在武康路复兴西路路口。目前该地块有一栋小高层住宅，但体量与城市街道的关系并不理想，同学们需要在 2000 余平方米的基地上重新设计一个公寓式酒店，建筑面积要求 5000 平方米，高度在 24 米以内。武康路原名福开森路（Route Ferguson），以美国传教士约翰·福开森命名，由上海法租界公董局修筑于 1907年。这是一条典型的上海西区街道，界面连续，氛围安静，尺度近人。武康路街区中保存了一些建于 20 世纪 20 至 30 年代的花园洋房和老公寓，也有在后续几十年间陆续建造的多层住宅和小型办公建筑。选择这样一处具有典型历史风貌的基地，是任课教师仔细讨论的结果。武康路有着明确的街道氛围，可以给同学们提供必要的参照。此外，其历史建筑的类型较为丰富和连续，具有某种典型的上海城市街区的复杂性。因此，同学们可以不用被某一历史风格所束缚，具有一定的自由度。

在任务书制定之初，我们选择公寓式酒店的课题，也是希望学生能够对近代公寓这一上海城市史中的典型建筑进行读解，并以此为切入点，将设计置于城市演变的背景中去思考。武康路上坐落着不少优秀的近代公寓建筑，其中就包括著名的武康大楼以及离地块不远的密丹公寓。课程设置了对于上海近代公寓的调查环节，同学们分组对六处公寓进行调查，其重点不仅是了解城市发展的历史，更是希望学生可以通过老公寓的现场体会和观察，对其外部界面、内部空间、材料和细部等有更为直观的体验。

（五）方法

① 聚焦与拆分

这次课程采用的是一种"聚焦"和"拆分"的教学设计。首先，如前文所述，本课程在教学目的上有所聚焦，希望学生能够从一个建筑的基本体量和内部空间开始，通过对体量、比例、尺度、材质、光影等物质性元素的推敲，完成对建筑的塑造，这一过程需要将建筑置于一定的城市环境和文化背景中去考量。在此过程中，诸如人群行为和社区诉求等社会性问题，以及由此带来的功能复杂性因素被有意地

弱化或剥离了。当然这些同样是建筑的基本问题，但考虑到二年级学生的能力，再加上下一个课题对于此类问题会有专门探讨，因此并没有将其作为这一课题的重点。此外，课程在教学步骤上进行"拆分"，类似于分解动作，每个步骤都有其针对的问题。而除了前期有针对性的小练习，在大课题设计的过程中也采用了分步的办法，包括体量、内部空间、构造等，每一环节都深入解决一个基本问题。例如在基本体量和平面关系确定后，会把主要公共空间作为一个重要环节专门讨论。在这一环节中，同学们将利用大幅渲染图，对空间的形态、材料、光线和细部等因素进行反复推敲。

② 深度与精度

在对外部形体和主要空间进行讨论时，会用人视点的大幅渲染进行推敲，这个过程并不是全盘否定后的推倒重来，而是在前期方案的基础上不断深化，是对不同问题的"叠加"。最终这一过程会达到厘米级的精度，并反映到构造详图上。在有限的时间内，这样的教学设计确实有助于将特定问题推向深入。这种深入不仅仅是设计的细致，不是多加一圈线脚或给窗户加一点细部就足够的，而更应当是在明确的设计目的下，对氛围、形态、细部、材料及构造等各种因素相互整合地贯彻和深化。在之前的一些课程中，学生对设计中的纵向思考是不够的，往往在概念的引导下得到形体和空间的时候，设计也结束了，

课程过程照片

但其实剩下的问题也许是更为基本和重要的。这个课题有意识地将这些物质性的要素强化出来，使学生在这些环节上进行讨论，所以整个教学并非平均用力的综合设计，而是有所侧重地练习（见图4、图5）。

③ 作为工具的渲染图

作为推敲设计的工具，渲染图在这一教学中承担了重要的角色。渲染（Render）是传统的建筑表达方法，其历史几乎和建筑学作为专门学科的历史一样悠久。在早期的建筑教学中，渲染不但作为建筑表达的手段，也是训练建筑师绘图功底和美学素养的重要工具。随着

以空间—体量为主体的现代建筑设计和教育方法的兴起，透视渲染图在教学中的作用逐渐被实体模型所取代。加之在实际建筑工程中，渲染图由于在表达上的选择余地较大，往往成为过度包装和"忽悠"业主的工具。事实上，随着软件虚拟的能力不断增强，准确的渲染图不仅是表达手段，更重要的是，它可以作为推进设计的有力工具。

在此次教学中，除第一个小练习采用卡纸模型外，其余的设计过程都是利用透视渲染作为主要工具推进的。与表达性的透视图不同，从模型到视角，课程对于透视渲染图的绘制都有明确的要求。首先，渲染图必须有一定的图

▼ (4) 黄舒奕同学的立面推敲过程

▼ (5) 何侃轩同学的部分作业成果

幅。教学中的图幅一般在 A1 至 A0 大小，即便是在设计初期，我们也要求学生用大图幅来表达对象。大尺寸渲染图不仅有利于细部推敲，还更易使人产生客观的场景感。其次，渲染图建模应当准确，特别是忠实地反映材料的尺度与细部，要求能够与外墙构造、⋯⋯⋯⋯⋯⋯⋯⋯地人能够理解其构造图。最后，渲染图的视角必须真实，并且需要拼贴进实际场景，不可进行过多的后期处理。

通过这些要求，渲染图已经可以较为准确地反映真实场景。诚然，模型的实体感确实是二维渲染图难以企及的，但渲染图在教学中也有一定优势。一是较为便捷，一旦学生能够熟练地掌握相关软件，就可以配合一周两次的教学进度，迅速完成方案的探讨，教师的课堂意见很快会得到回馈。其次，在材质和细部的表达上，渲染图远胜于模型，课程中对于建筑材料、尺度、细部交接等方面的探讨很大程度上依赖渲染图来完成。最后，对于方案讨论中难以言说的部分，特别是光线和空间氛围的表达，渲染图无疑也是有力的工具。但值得注意的是，对着静态渲染图讨论，会使学生的思考趋于单一场景，教学过程中老师需要引导学生把握静态画面与整体空间、单一场景和连续体验的关系。授课过程中，同样在 ETH 学习过的东南大学教师甘昊也被特别邀请来给同学们进行渲染图的专门讲解。在 ETH 希克教授和科尔霍夫教授的课程中，大幅渲染都是不可或缺的重要手段。重要的一点是，渲染图中的材

质与真实材料是一一对应的，渲染的贴图必须是真实可得的材质。除渲染图外，教授还会让学生在材料库中挑选真实的样块作为说明，这样就将模拟表达和实际材料联系起来，⋯⋯⋯⋯⋯⋯⋯⋯⋯⋯⋯⋯⋯⋯⋯⋯⋯⋯。

（六）回馈

教学过程中，同学们在几个环节上表现出了一定程度的不适应。首先是体量布局，这训练并不强调"设计概念"，而是需要在考虑城市环境和基地关系的基础上形成基本体量。拿第二年武康路的课题来说，基地处在城市转角，与周边建筑的关系相对复杂，同学们需要处理与周边建筑和城市界面的关系，还要兼顾功能要求。部分同学在这一阶段表现得较为纠结和反复。其次，在对形体、立面及内部空间细部进行探讨时，除了审美意识外，很大程度上还需要文化和经验层面的积累。对于大二的学生来说，这部分确实是比较难的，而且难以短时间传授。例如对不同材料的实际感受和一些典型做法在基地环境中承载的意义，同学们对此普遍缺乏体会。在教学中，我们试图通过案例讨论和让同学实地体验的办法来推进这一过程。此外，构造层面，由于同学们之前没有过多接触，因此也需要教师进行专门的讲解。

总体说来，这一教学过程，拓宽了同学们对形态和空间的感知，也让他们体会到了设计的深化过程。在同学们的课后总结中，我们也

读到了这样的文字："我很惊叹老师每次改方案，拼缝的方式换一下，某个缝加粗一下就会产生完全不同的气质，这一点一点的细节竟能产生如此巨大的效果……这次课题最大的收获是明白了从建筑的本体来思考。这对我来说是个全新的思考建筑的方式。以前做方案的时候往往从概念出发，更关注空间关系，但是对每个空间实际做出来是什么样子并不清楚。在交图前一天，要渲染了，才开始想材质、做法，想要的气质氛围就是在短时间内仓促决定的。我会觉得我们并没有做实际的建筑，一切都是我们假想的。而这学期的课程教会我去关注建筑本身，把自己置身在具体的空间中，我感知着这个空间，真实的尺度，真实的材质，这个建筑也是真实的。渲染图成为说话者，它反映真实的空间。"

（七）反思

对科尔霍夫教授教学方法的借鉴来自于任课教师对于这套方法的共同兴趣。与此同时我们也清楚地认识到，这种借鉴更多是方法层面上的，借用这一方法，可以有效地使同学们深入完成一个设计练习。然而，科尔霍夫的训练方式根植于他对欧洲城市的长期研究，特别是柏林城市的研究经验。他对于建筑立面语言和构造的探讨，除了根植于德语地区源远流长的建构文化传统外，某种程度上是与当地城市稳定而层叠的状态相契合的。这种设计策略所强调的连续性和当代感是基于当地城市的现状：大量历史建筑遗存、长期的城市遗产保护意识形成的高度连续的古典主义建筑组成的城市界面，其背后则是德国柏林或者瑞士苏黎世稳定的社会阶层和生活状态。在这种环境下，建筑确实是需要一点一点生长出来的。但在中国的城市环境中，这种稳定性似乎并不存在，更多是一种由大量的偶然、断裂和非连续性所形成的高密度城市环境。在教学中，虽然我们选择了上海相对比较接近欧洲城市的外滩和武康路等近代风貌街区，但其社会基础依然有很大不同。因此，在作为训练方法上的借鉴之外，是否可以进一步发展，形成适合我们城市的设计和研究方法？这恐怕是一个需要探讨的宏大命题。

另外，这套方法原本是用于高年级教学的教案，那么移植到二年级的教学中是否合适？在教学过程中，我们发现尽管我们已经进行了事先的调整，但有些环节对学生来说仍然有点难。如文中所述，一些探讨很大程度上会受限于同学的经验。此外，在二年级同学对基本设计逻辑、过程和相关因素还没有足够完整的认识的情况下，这种训练是否会先入为主地给学生形成某种特殊的建筑认识和诱导？这些都还需要我们在后面的教学过程中持续思考与改进。

3

小练习

Simple Exercises

▲ 课程过程照片

2014年和2015年的教案，在完整的建筑设计任务之前安排了两组小练习，共5周时间，希望能将建筑空间视觉感知的几个基本元素以相对抽象的方式循序渐进介绍给学生，并通过"视觉感知比较"的设计研究手段，训练学生的视觉敏锐度。同时，学生也能掌握一定的材料构造知识和软件渲染技巧，为之后为期10周的完整建筑设计训练打下基础。

这两个练习的来源分别可追溯到2002—2003年间科尔霍夫教授在ETH建筑教学中的石膏体课程和别墅空间设计课程。前一课程贯穿整个学期，老师让学生探讨体量、比例、光影，并亲手用石膏材料建造一个约1.2米见方的"建筑体"。而后一课程则是利用A0大小的透视渲染图循序渐进地探讨建筑内空间、尺度、材料、构造的设计问题。由于时间有限，同济教学中的这两个小练习将原先两个整学期的课程内容浓缩成了5周的训练，难度也着实不小。

2016年，随着甘昊老师的加入，我们对两个练习的内容稍作了调整：结合具体的建筑设计场地，以模型和大透视图的方式，让学生探讨建筑体量、场所氛围、材料结构等建筑基本因素的影响，内容更具体、更综合。

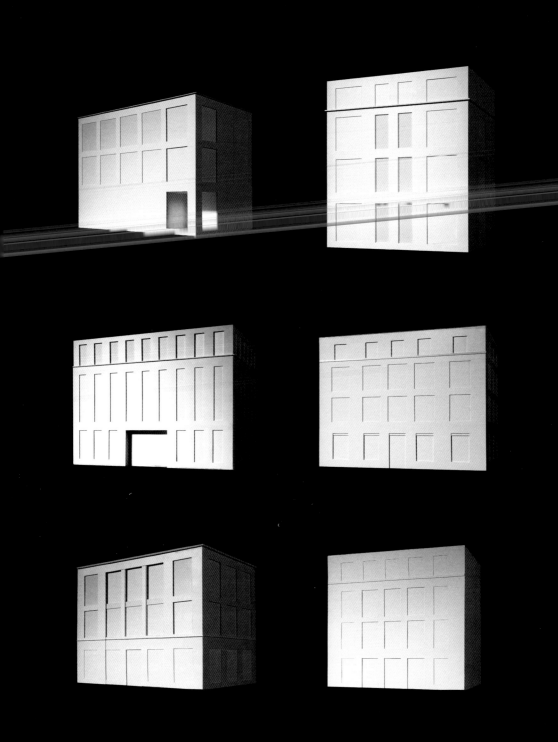

2014年学生练习成果（练习①）

2014.

练习① ＝体量×比例×光影

● **教学目标**

通过3周的练习，使学生掌握体量、比例、光影的基本概念与研究方法。

● **教学内容**

学生采用比较的方法寻求并证明一个稳定而有张力的体量，并在开窗洞和利用板、柱突出形成立面光影效果的设计过程中，仍保持体量稳定而有张力的视觉感受。

● **日程安排**

◎2月24日，练习说明，介绍体量研究的方法。学生采用此方法寻找稳定而有张力的体量。

◎2月27日，内部评图，学生选择体量。同时布置下一步：在体量上开窗洞，保持稳定而有张力感。

◎3月3日，窗洞评图，同时布置下一步：在体量表面将板和柱突出，仍保持稳定而有张力感。

◎3月6日，内部评图（提交1:50的纸模型）。

◎3月10日，内部评图（提交调整设计）。

◎3月13日，专家评图（提交1:50纸模型）。

练习② ＝空间×尺度×材质

● **教学目标**

通过2周的练习，使学生体会有材质、空间的序列设计。学生练习渲染表现。

● **教学内容**

老师给定若干形容空间气氛的词语供学生选择，学生设计三个空间组成的空间序列表达出相应的空间气氛。每个空间的气氛要完整，每个空间用一张A1尺寸效果图表达。

● **日程安排**

◎3月13日，布置练习二的任务。

◎3月17日，学生对每个空间提供一张效果图。

◎3月20日，内部评图（提交调整设计）。

◎3月24日，专家评图。

▼ 2014年学生练习成果（练习②）

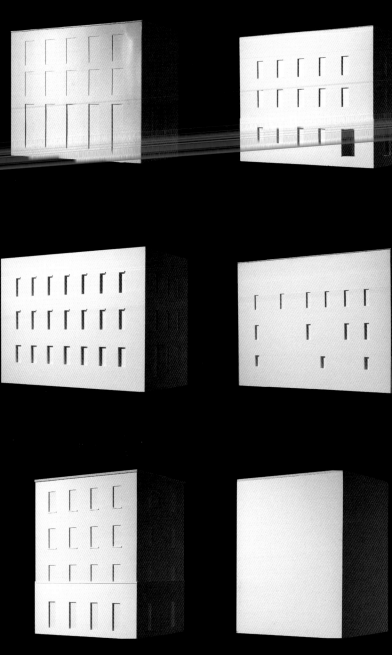

2015.

练习① ＝体量×比例×光影

● 教学目标

通过3周的练习，学生体会体量、比例、光影的基本概念，掌握研究的方法。

● 教学内容

通过对武康路的现场踏勘，初步掌握该区域城市氛围。学生采用比较的方法寻求并证明一个稳定而有张力的体量，并在开窗洞和利用板、柱突出形成立面光影效果的设计过程中，仍保持体量稳定而有张力的视觉感受，同时与武康路区域城市氛围有所联系。

● 日程安排

◎ 3月2日，练习说明，介绍体量研究的方法。学生采用此方法寻找稳定而有张力的体量。布置武康路城市调研任务。

◎ 3月5日，内部评图，学生选择体量。下一步骤说明：在体量上开窗洞，保持稳定而有张力感，同时与武康路城市氛围相协调。

◎ 3月9日，窗洞评图。下一步骤说明：在体量表面将板和柱突出，仍保持稳定而有张力感。同时与武康路城市氛围相协调。

◎ 3月12日，内部评图（提交1:50纸模型）。

◎ 3月16日，内部评图，调整设计。

◎ 3月19日，专家评图（提交1:50纸模型）。

练习② ＝空间×尺度×材质

● 教学目标

通过2周练习，学生体会有材质空间的设计。练习渲染表现。

● 教学内容

学生设计一个酒店公寓房间，使空间的比例、尺度感受仍然是稳定而有张力的，且单个空间气氛要完整，并考虑与武康路城市氛围的协调关系。用A1尺寸效果图表达。

● 日程安排

◎ 3月19日，布置练习二的任务以及空间案例的调研任务。

◎ 3月23日，空间案例调研成果汇报。

◎ 3月26日，学生用一张效果图表达房间设计。

◎ 3月30日，内部评图（提交调整设计）。

◎ 4月2日，专家评图。宾馆设计要求介绍，布置调研任务。

▼ 2015年学生练习成果（练习②）

2016年学生练习成果（练习1）

2016.

练习① = 体量×场所

● 教学目标

通过2.5周的练习，使学生体会关于体量比例的基本概念，理解城市中体量与体量之间的空间概念。

● 教学内容

通过对现场的踏勘，帮助学生初步掌握该区域城市氛围。学生采用比较的方法寻求并证明一个稳定而有张力的体量，并将等比例体量放置于场地中，寻求与城市周边体量之间的稳定协调。

● 关键词

◎ 稳定和张力（Stability and Tension）

◎ 场所（Place）

◎ 文脉（Context）

◎ 实体之间（In Between Space）

◎ 城市形态（Urban Body）

● 日程安排

◎ 2月29日，课程总体说明，介绍体量研究的方法，布置大场地模型制作（提交假期作业"城市氛围"汇报）。

◎ 3月3日，体量第一次评图。采取多方案比较的形式，探讨简单几何体积，通过探讨体量的长、宽、高，体会体量自身的稳定与张力感（提交7个体量模型）。

◎ 3月7日，体量第二次评图。①进行寒假作业"城市建筑学"月度汇报。②大模型制作完毕。将体量模型置于场地之中，完成体量的塑造，要求建筑面积达到2200平方米。可安排单个体量，亦可安排多个体量。安排多个体量时，至少有一个体量最小占地面积达到300平方米。注意与城市空间和周边建筑体量的协调关系（提交总场地模型和1:100体量模型）。

◎ 3月10日，场地体量评图，在第二次评图的基础上，针对场地具体条件，对抽象体量进行凹凸的层次细化，可体现主要洞口和形体虚实（提交1:100体量模型）。

练习② = 城市空间×结构

● 教学目标

通过1.5周的练习，学生掌握基本的结构设计要点。

● 教学内容

结构是工程学意义上力的传递，也构建了建筑空间的体系与逻辑。学生之间由老师随机指定交换步骤1的设计成果，在交换得到的成果基础上设计出合理的建筑结构系统。通过这一过程初步认识结构和空间的整体关系，并注重结构自身的表达，成果为1:100结构模型。除原有主空间外，还需增加120平方米左右室内空间3个。其余可为30 ~ 40平方米小空间。

● 关键词

◎ 秩序（Order）

◎ 结构（Structure）

◎ 建构（Tectonic）

◎ 静力（Static Force）

● 日程安排

◎ 3月28日，第一次评图，讨论 Structure as Space 和《建构建筑手册》的阅读报告，讲座"结构"（提交1:100结构模型，进行阅读汇报）。

◎ 3月31日，小练习评图（提交室内主空间的A1渲染图，布置场地调研任务）。

◎ 4月4日，放假。

▼ 2016年学生练习成果（练习②）

房玥
FANG Yue
华东建筑设计研究院有限公司，建筑师

"稳定而有张力"练习训练的是我们对形体感知的敏
锐度，此外我还有了一些方法上的收获，如让体块从远处
什么开始按照一定逻辑变化以观比，由厘米级的变动慢慢到
最后毫米级的微调，从而无限趋近自己心中最理想的"稳
定而有张力"的体块。

关于体量练习，之前的作业我习惯从某一概念或是
功能入手来生成一个设计，考虑的往往只是建筑单体的
问题，再在之后的反复推进中加入对周围环境的考虑。
而这个作业从开始就让我们从体量上去思考建筑与城市
的关系，退或进，凹或凸，每一个动作手法都蕴含着对
环境的思考，同时，这些动作需要被克制在一个合理的
范围内。然而一开始我没理解训练的目的，当作构成一
样在摆弄体块，之后我开始思考体量与周围环境的关系，
通过玻璃表现对花园的引入，通过斜切表现对入口的引
导，等等。这个练习带给我最大的收获或许就是设计思
路和方法的改变。

渲染练习中，通过学习 VRay，我意识到软件技术对
于设计的重要作用。实体模型和技术图纸是以一种抽象提
炼的方式给设计者提供参考，但这些参考似乎缺乏一些细
节上的呈现，渲染图则通过模拟场景提供了进一步探讨的
平台，从而可以更细微地调整空间品质、氛围等。在渲染
的过程中，我就构件的形式、粗细、窗户的位置、开法、
屋顶出檐与否及材质的选择和参数等进行了反复的尝试与
修改，每一次细小的改动都可能带来氛围上的微妙变化，
而这种关于细节的推敲过程虽然有时令人崩溃，但确实是
宝贵的经验。

作为一名文科生，结构练习做得真是异常辛苦，但
几次的讲座和小练习，让我渐渐开始了解一些构造和结
构方面的基本知识，如柱子的间距、梁的厚度以及桁架
受力等（虽然做模型的时候还是没搞懂，出错了）。同时，
我也意识到结构本身所具有的力量，它不是建筑设计的
附属物，有时候从结构出发的设计往往具有惊人的潜力。
此外，我也开始反思自己之前一些过于理想化的设计，
巨大的悬挑、无柱的大空间、错动的体块，这些设计往
往需要付出巨大的结构代价，其必要性就值得再三斟酌。

张雯珺
ZHANG Wenjun
工作于上海

新学期的第一个作业是做体量。在考虑方案时，我主
要考虑的是体量要符合场地肌理，使其与整个城市空间融
为一体，并且保持尽量方正，处理手法尽量简单，避免给
之后的设计提供不必要的障碍。在这个基础上，再根据建
筑周边环境逐一调整，因此第一次的方案显得较为琐碎，
但主要问题都解决得比较清楚，按老师的话说就是"用五
个动作解决了五个问题"。第二次方案主要是在保留优点
的情况下整改，整合建筑形体，最后的结果较为满意。

第二个小周期有些曲折。第一次出渲染图，我心里其
实是十分恐惧的，没有经验，第一张渲染图就是三面白墙，
加上软件自带的材质。之后我得到了大量材质球，第二稿
完全沉迷于室内装潢，甚至忘了这是个办事大厅，最终渲
成了一个酒吧。第三张有所反思，克制自己对材质球的狂
热爱好，但明眼人不难看出，我还是在换装潢，只不过风
格朴素些。三次失败后我终于认识到这次作业的重点是空
间氛围，在最后一轮方案中我终于开始开窍，但玻璃的尺
度、右侧柱与墙的关系等问题还欠考虑。中期评图的时候
我又微调了一下，得到了最后的渲染图。

最后是做建筑的结构。楼板一定要有梁，但是有一种
楼板叫无梁楼板，我认为一定是梁藏在楼板里面，用无梁
楼板，只需要考虑一下梁的布置能走通就行了。然而事实
并非如此，而且钢结构也不能接无梁楼板，我受到了严厉
的批评。痛定思痛，我重新查阅资料并参考了同学们的钢
框架，最后虽然比别的同学花的时间多，但也勉强做完了。
很开心，也达到了学习的目的。

林敏
LIN Min
就职于 WRNS Studio

什么是建筑？是卒姆托在《建筑氛围》中所提及的建
筑本体吧。自古希腊时期便存在的对于建筑雕塑感和形式

美的追求在体块练习中得以维系，稳定与张力，冲突与守恒，难以捉摸而又神秘。

而当体量立身于城市空间，则又全然不同。我在这次的体量练习中，关注体量对后方住宅空间的挤压，关注街道尺度、沿河立面的延续等，操作手法由之前笨拙的体块斜切与咬合，到后挖内院，再到多层退台打破建筑的整体性，力求建筑呼应环境，同时维持自身的气质。

在氛围练习中，建筑内部需要着重考量材质、窗、门、踢脚、结构、颜色等一切会影响空间品质的内容。我着重提取了内院侧边空间进行空间品质的挖掘，内院凸窗辅以适宜坐下的尺度，再配合木地板来营造一种静谧、柔美，适合坐下来喝茶聊天的舒适感。美中不足是忽略了高梁在尺度上对于空间的挤压，对于开窗的多种可能性及其所带来的基础感知也考虑不足。

结构练习中，我选中一个优雅舒展并且有所退让的体量，结构以一边为主梁，不过这个结构对于大空间的暗示不足，或许应该有更好的结构方式。

顾金怡
GU Jinyi
同济大学建筑设计研究院（集团）有限公司，建筑师

● 小练习①——体块模型
从城市层面出发，可以发现基地附近建筑的尺度普遍比较小，立面层次丰富。因此我希望能够创造一个富于层次感的形体，另外对于周围的学校、居民楼和花园也有一定的回应。

需要进行反思的是，在之前的所有设计中，我总是过多追求形式的美感，往往停留在立体构成的玩乐中，忽略了合理性和空间品质。这次的练习过程中，我对城市的认知不足，手法过于强硬，例如在道路一侧试图通过节点放大和退台来激活街道活力，为行人提供停留空间，但其实在尺度上不足以达到这一效果，同时交界处的实体过于生硬，打断了本来柔的道路曲线，交界位置也比较暧昧。诸如此类的小问题在每一个界面上都比较多。

● 小练习②——主空间渲染图
在这个阶段，我开始了解一些基础渲染技术，并将它

们运用在对材料、开洞等室内元素的推敲上。作为建筑师，我们不仅仅要在城市层面大刀阔斧地进行体块的设计，更多的是在人的尺度上去营造一种氛围。每一个开洞行为和材质的选择都会对空间气质产生影响。

● 小练习③——结构模型
在这个阶段我们学会利用图解静力学进行粗略的配筋，理解一些简单的力流，对解决一些比较困难的力学节点问题也有了自己的一点思路。

这次抽到了一个较为简单的模型，在技术上没有太大困扰。通过这个小练习我认识到结构对于建筑内部空间也有作用，结构不只是结构工程师需要关心的事情。另外结构的模数对于空间的排布也有一定的作用，比如剪力墙的设定对于空间指向的作用，核心筒的位置对于交通空间的暗示等。

华心宁
HUA Xinning
就职于 Studio Link-Arc

这一阶段的练习结束后，我感受到建筑学理性的回归。这并不是说我们在慢慢丧失感性，而是慢慢学会了寻找美背后的逻辑。

第一个作业——寻找稳定而有张力的长方体，其实就很好地暗示了这个问题。老师评图时会让每一位同学先说说对"稳定而有张力"的理解，然后再由大家观察，评出哪一个符合要求，这也是理性与感性结合的一种表达。原本以为我们的感受与逻辑无关，经过这次评图之后发现其实不然。我对"稳定而有张力"的理解是一种膨胀感，向各个方向都可以扩展，逐渐达到最紧绷的一个状态，而不是有一种明确的趋向。这就导致我的长方三边比较接近，被老师认为张力不足。

理解上的差异会影响实际感受。后来做社区活动中心的体量时，一开始我很自然地根据场地找到一系列限制要素，然后据此进行设计。但是在设计的推进过程中，再遇到问题时我忘记了从场地中寻找信息，直接根据自己对美的所谓理解进行设计。在建筑氛围的渲染作业中也是如此，原本以为氛围就是单凭感性做的设计，结果

做得非常糟糕。我也终于意识到没有理性支持的感性是非常危险的，不经过仔细推敲就单凭自己浅薄的认识去塑造建筑是荒谬的。在最后的结构设计中，也更清晰地认识到天马行空的想象要付出的代价会是巨大的。因而，在体量设计之初就应当有全盘考虑的观瞻。

在未来的设计中，希望自己能不断反思，寻找设计背后的权力与支撑，用理性来锤炼感性。

罗西若
LUO Xiruo

工作于波士顿

这是我第一次以"体量—空间氛围—结构"这样的思路来思考建筑，与以前的设计思路做对比，感觉终于抓到了一些有真实感的东西。整个小练习中最喜欢"推敲"这个词，体量的进退高度、窗户的宽窄进深、材质的颜色肌理，都可以称之为"感觉"。以前我认为"感觉"是很虚的东西，见仁见智。但老师的一句话点醒了我："我们对建筑的印象可能是一些数据、概念，而普通人对建筑的认知就是靠感觉。"在设计"稳定而有张力"的体块练习中，大家最后选出的体块尺度几乎一致，这个结果让我惊讶。在拥有共同的认知背景后，原来人的感觉是会趋向一致的。

王宣儒
WANG Xuanru

陆家嘴集团规建部，业务助理

第一次接受"体块""氛围""结构"的分项训练感觉很新奇。第一个训练针对的是对体块形态的认知，以及长宽高对人感知的影响。我们从稳定和张力的来源"重力"入手，主要探讨重力拉扯下体量的长宽高的限度，使其达到有与重力撕扯的动势但不失稳定的状态。遗憾的是，探讨过程中过多地关注了竖直方向的力，而忽略了水平方向上动势的塑造。

至于体量与城市关系的训练，在之前的设计课接受过类似的训练。不同的是这次是在没有功能计划要求的情况下放置体量。受功能约束少也就更自由，但同时也很难深

入下去，因为已知条件过少，形成动作的动机不好确定。最终我选择在城市滨水绿地边上做了一个切角的动作，试图将绿地和城市公共空间整合在一起，激活城市街角。并将四层体量放在街角，与学校的体量呼应，塑造街角的公共性、连续性。

空间氛围训练与结构的训练联系不紧密，空间氛围训练中到了最后的结构设计时，最终的设计为了真实空间氛围也要做一些特殊的调整。空间氛围成立与否取决于结构设计是否能解决问题。结构训练最大的收获是让我认识到了结构并不是被动地配合设计，还可以更加积极地参与到空间的塑造中，出色的结构设计可以创造特色空间。图解静力学是建筑师定性定量理解结构很好的工具，另外关于结构的两次讲座也让人印象深刻。

王子宜
WANG Ziyi

贝壳找房，战略管理

第一次训练，目的是设计出"稳定而有张力"的长方体。这是一次观察力的训练，看到同样的事物，观察力越强的人得到的信息越多。诗人能从玫瑰花中看到爱情的娇嫩与疼痛，建筑师则需要从长方体中看出稳定与张力。另外，在训练中我们开始关注"尺度"。尺度是客观世界的比例尺寸与主观人的心理感受的度量衡，是描述不同的真实尺寸的一系列心理状态的形容词。

第二次的室内渲染训练更多是培养对建筑氛围的理解。室内的建筑氛围，主要是由内部的构造、内外之间的联系和材质的选择来营造的。构造层面上，不同的构造技术本身具有特定的历史文化内涵，会给人不同的时代感受。内外之间的联系是指开洞的方式与位置，开洞造成的框景效果与光影效果共同塑造氛围。而材质则是视觉对于触觉的延伸，能立刻给人不同的粗细冷暖感受。把大图幅的渲染作为设计工具而非表现工具，也让莫名反感表现的我突然间愿意去学习渲染技巧了。

第三次的结构训练为我打开了"力流思维"的一扇门。从最直观的"轻重"概念，到中学物理"矢量"的概念，再到最后将力视为和水流电流一样的"力流"的概念，我对于力的理解逐渐地深入。同时，这项训练也打开

了"结构作为设计出发点"的一种新的思路。

李墨君
LI Mojun
筑境设计，中级研究员

在这次课程之前我看世界，看的是赤橙黄绿青蓝紫，商场立面上的巨幅广告，马路对面的红绿灯；现在我看世界，看的是尺度与比例，是否稳定而有张力，看立面上砖的错缝跟墙面抹灰的纹理，看柱子在墙面凸起形成的光影，看窗的分隔，铺砖的方向，踢脚的做法，树的姿态。

你简直不能说什么不属于建筑的范畴，但是一眼就能看见的，却往往不是建筑。你需要看两眼甚至三眼，才看得出它浑身上下的细节。这些深藏在表皮下面的，才是最基本的东西。而这些看似毫无关联甚至毫无存在感的基本问题，却倚靠着一个相同的体系建立着联系。体量、氛围、结构，绝不是各说各话，而是一脉相承。设计过程中不断挖掘其内在逻辑并一以贯之才是重中之重。

做建筑设计绝对不能太贪，并不是做得越多就越好。建筑本身的属性决定了它终其一生都是配角，永远服务于使用者，只是根据功能有不同的使用方式罢了，但绝不存在任何一个建筑设计出来仅仅是用来被欣赏的。

邱雁冰
QIU Yanbing
GMP 建筑师事务所

这五周的学习过程让我对建筑学的一些观念有了补充和纠正。首先是体量的训练，最开始关于"稳定而有张力"的探讨，让我们回归到本能的感性认知上来。很多时候对于设计好坏的评判不在于天花乱坠的说辞，而在于最朴素的"感觉"，对"感觉"进行理性的推敲则是建筑师应有的技能和习惯。城市体量关系的训练让我理清了思路，处理体量关系动作要完整利落而不是细碎拼凑，应当是"小关系"服从"大关系"。其次，氛围的训练同样是讲感觉和推敲，做设计事无巨细，要推进到极致。最后，结构的训练印象最深的是甘老师的讲课和李博老师对康策特

（Jürg Conzett）的解读，由此，我深切体会到结构与设计、地域文化紧密结合时所展现的巨大魅力。

陈锟
CHEN Kun
就职于摩根士丹利

从体量练习开始，我认为老师们就在强调一种"目的—意图"与"策略—动作"的对应关系。要用尽量少的"动作"去解决更多的问题，表达清晰的"意图"。在接手一个项目时，也要去阅读之前设计者的意图，并且延续这种意图。

体量练习中要解决的问题大概是体量与民居、健身公园、街道的关系，然后用体量的姿态表达出设计的意图。我选择的策略是通过打散整个体量，用小体量组合来消解完整体量的体积感，同时在小体量的间隙留出灵活运用的可能。在评图中，老师们质疑最多的是平台的设置。对于这个平台，我的考虑是使其作为小体量的承托体，整合碎片化的界面，同时在使用上希望可以通过这么一个面向街道的城市露台，观赏沿街的树木。而面向公园的大台阶是希望可以和公园内的活动发生一些交互。老师们反对的重点则在于以老年人为主体的居民的使用热情和平台对于街道活力的消极作用。

氛围练习中，我对于接手项目的理解是，前一任设计者想要一个雕塑感比较强的形态。我的处理策略是减小每个体量的尺度，转变为均质形体的组合，同时将整个"雕塑"抬高。我不希望一个社区服务中心的氛围像是一个岩洞或者"一线天"的入口。关于入口，常用手法可以是由两个体量的缝隙间挤出或者从体量中挖出一个入口来，这种类似于"一线天"或岩洞的氛围不适合一个社区服务中心，所以我选择直接架空，底层向城市开放，希望展现一个公共空间对于社区的诚意。在具体做氛围的时候，我也选择了公共性最强的门厅 / 办事大厅作为设计对象。一开始我对于这个空间的氛围理解是不深入的，后来在老师指引下才明确要保持上部形体的完整并且传达悬浮的姿态。

结构练习的时候抽到的项目比较简单，体量和大空间上都没有设置什么难度，唯一遇到的难处在于剪力墙

的设置。其实我认为一个三层高，没什么特殊跨度的框架对于剪力墙没什么需求，不过既然要布置，那么剪力墙布置的原则首要是均匀，我感觉完成得不算好，这有待其他结构课程的进一步学习。这个阶段最有收获的首先自然是几次关于结构的讲座。比如康策特的结构设计充满了"设计意图"的呈现，而不仅仅是把房子立起来那么简单。

在最终评图时，王老师的一句话我也觉得很有启发，他认为结构设计应当体现空间的主次，在结构模型的阅读中应该可以看得出主空间。我对此的理解是，以框架为例，主空间的框架尺度显然应该和小空间有所不同，应当可以看出为了满足主空间的要求做出的结构上的处理（例如大跨）。这倒不一定说非得动用很夸张的特种结构或者体系不可，简单的比如梁的厚度变化，也可以在结构层面上突出空间的重要性。

邓希帆
DENG Xifan
博风建筑，建筑师

经过对体量的针对性练习，我对建筑体量与街道、街区、城市关系有了更深入的了解。我开始的方案是用 L 形的建筑体量围合了一个小庭院，并在与街道垂直的北面和东南面各开了一个开口，使整个体量分成了两部分，希望以这样的方式增加建筑的通透性，进而增加建筑空间的丰富度和活跃度。但是狭长的基地使 L 形空间和小庭院都有进深过小的问题，朝向居民区的开口也打破了原来街道和居民区建筑的关系。经过这个练习，我越发明白体量与周围环境协调的重要性，它可能是严肃的、庄严的、不容许随意接近的，也可能是亲切的、开放的、鼓励人们在其中进行活动的，建筑师应该学会通过控制体量而达到某种想要的空间感觉。

通过两周的渲染和室内氛围塑造的针对性练习，我发现材料（包括材料的选择，材料的颜色、光泽度和粗糙程度，材料的交接和接缝等），建构细节（包括窗户的长宽比和大小尺寸、窗沿的突出尺寸、窗框的粗细、踢脚线的厚度和高度、踢脚线材料的作用等），还有整个空间的光线、明暗、方向性等因素都对室内氛围的塑造有很大的影

响。我的渲染方案的空间是一个位于三层、面向健身花园而且朝向居民区有较大露台的空间，为了塑造宁静开放的空间氛围，天花板和阳台围栏我用了清水混凝土的材质，落地玻璃推拉门的上下框都被隐藏在天花和地面的凹槽中，使天花和地面看起来都是一个平面，没有明显的凹凸，营造朴素又安宁向外延伸的感觉，也希望小小的体量能带来稳重而温柔的空间质感。

通过结构的讲座和结构的训练，我更深入了解了钢框架结构和混凝土框架结构的柱距、柱径、梁高等的计算方法，主梁、次梁、柱子的交接方式以及不同的交接方式带来的不同的结构尺寸，明白了一般的结构体系需要做剪力墙或斜撑等抵抗水平侧推力。我初步建立了力流的概念，明白了如何分析单独构件承受的拉力 / 压力。经过这个练习，我明白了做设计不仅仅是选择某种结构形式来满足建筑本身的功能、平面需求，结构的许多细节和布置都会影响整个建筑的空间体验，结构可以成为设计的一部分被人们直接地感知。暴露的结构可以让人感受到沉重、轻盈等空间感受，可以让人感知到力在建筑中的流动，也可以暗示不同空间的分布方式。好的结构应该与整个建筑的空间和氛围和谐统一。

樊婕
FAN Jie
麻省理工学院 SMArchS urbanism

体量。一开始，我设想的建筑以"标志性"与周围形成区分，但同时也因为不妥协的形态气质，对周边的建筑和居民造成了压迫、紧张、突兀的感觉。于是我开始尝试用出挑、退界、体块交错去呼应周边空间，带来一种欢迎和亲切的姿态。

氛围。我的氛围启蒙老师大概是卒姆托，我至今记得他阐述的关于扶手质感与童年回忆的互通。很多细节会激发整个空间的氛围，材质的触感、色彩的运用、凹进凸起，仿佛给建筑材料赋予了新的性格和温度。我们所要创造的建筑面对的是最普通的人，所以很多情况下我们要考虑建筑带给人最贴近直觉的氛围，理应不时抛开一切脑海记忆中的建筑知识，去说："嗯，我想要的就是这个样子。"

结构。结构不仅仅是建筑设计的附属物，也可以成为

我们设计的出发点或者影响我们的设计的因素。往往借助结构的思考，我们可以发现很多以往不曾尝试过的方式，例如巨型的斜撑给人带来的力量感和秩序感，细柱所带来的极度透明感，等等。

黄于青
HUANG Yuqing
就职于 GMP Architekten 上海

第一次的体量练习我做了三个长条形的坡屋顶盒子的堆叠，从形态和高度上对周边的建筑做出了回应，然后在三个角部挖了几个一层的空间，希望将其打开作为公共活动的小广场。老师的评价是这几个空间的意图很明显，但没有达到预期的效果。比如其中一个空间的五面都有围合，这样的灰空间其实领域感太强，不会使人想走进去使用和活动。给我印象最深的一句话是："要用一个动作解决尽量多的问题。"

空间渲染作业一开始我有点下不去手，选空间就找了很久（尽管中期老师还是觉得空间位置选的有问题）。第一次方向完全跑偏了，第二次想到要把这个空间的特质（倾斜的屋顶和侧墙高度不同产生的流动感）做出来，可是用了不恰当的手法（强调墙和顶的交界线）。到最后我才决定用露出结构的方式表现空间的特点。回想起来，可能是以前一直对空间的纯净感有误解，不是只有完全光滑的空间才是纯净的。暴露结构可以展现这个空间建构起来的方式，带来一种力量感和方向感，这样的空间体验是诚实的，也是美的。

结构作业很短，但是很有收获。经过两次纯干货的良心学术讲座后，我对建筑构件是怎么互相作用而达到稳定有了一点认识。在建筑师的范畴内考虑结构，问题都首先归结到拉和压，力总是通过最简短的路径传递到大地（基础）上。当不知道某个节点的受力是否合理时，只要看此处的力流是否能够连贯地传到地面。

我认为这三个小练习的意义有多层，首先是让我们关注到"推敲"这个动作，其次是体会工作室交叉合作的感觉。中期的两位评委老师看问题的角度明显与三位常驻老师不同，他们注重的是大空间的氛围和选址是否和体量的气质吻合，结构在合理之外是否能体现空间的特质。坦白说，这些我在练习的过程中考虑得很少，但这是一个推进方案不可少的角度。

李云宏
LI Yunhong
华建集团上海现代建筑装饰环境设计研究院，设计师

● 稳定而有张力的体量
我个人对于"稳定而有张力的体量"的理解是"最小的实体能够占据的最大空间"；稳定代表不可动摇，有张力意味着体量有着蓄势待发的方向性；最后得到的是一组"瘦高型"盒子。把它们单独放着的时候觉得十分挺拔颀秀，但与其他"矮胖型"的放在一起对比，因体积、占地面积小，更倾向于"张力"而失去了很大部分的稳定。因而即便是同样类型的盒子，细微的尺寸变化也会对人的感知产生不同的变化。我们应该提高捕捉这些变化的敏锐度，再进行有逻辑的推进。

● 环境中的体量
这次是在具体的城市环境中设计一个与周边场地契合的建筑体量，需要考虑场地中的建筑、道路、绿化等实际因素。之前做过的设计基本都是从某个概念或功能出发，因此第一次在制作体量时运用了类似构成的手法，而这个出发点是不正确的。第二次的体量则带入了周边的环境进行思考和推敲。两次对体量的推敲，实际上也更新了我的认识：建筑设计更倾向于理性，所做的每一件事都要有充足的理由，手法上不要啰嗦，用一个动作能解决几个问题才是有说服力的。

● 空间中的氛围
设计的整体统一非常重要。回顾自己的几次渲染图，其实最开始的目标是明确的，但是在推进的过程中不知不觉又加入了很多新的想法，却没有考虑所有的想法放在一起是否能够合为一体，反倒是产生了很多矛盾，削弱了一个空间的整体性。

● 体量的结构练习
根据体量的型来为其建立结构体系，同时也是对其室

内空间进行分隔。从体量练习至此，每个体量下其实已经形成了有着三个成员的方案小组，而互相之间的沟通交流显得尤为重要。在设计之初，我们也应该树立起全局观，这才合理。

以上总结，"整体""明确""克制""逻辑"，是我

杨天周
YANG Tianzhou
工作于伦敦

应当如何塑造一个"稳定而有张力"的体量呢？由于对稳定与张力的理解各异，不同的人显然有不同的答案。然而当公开投票选择最"稳定而有张力"的盒子时，大家的倾向却出奇地一致。由此可见，人们对某一概念的理解虽说不同，但最后感性层面的评判标准却是类似的。可见，一个好的作品往往是受到大众认可的，如果有许多反对的声音，那大概率它确实是存在许多问题的。

接下来是关于建筑体量模型的训练。如同人要照顾周边人的感受，在周围有许多"邻居"的情况下，做建筑也同样要考虑新建筑与周边"邻居"们的关系。新建筑放入场地后在视觉上首先要有自然感，同时它的体量也要与它的身份相称。我开始的想法很简单——现在场地缺少一块拼图，我要做一块三维拼图拼进去，让它不论从何处看都与这个场地相契合。于是我选择了相对简单粗暴的方式，直接拉了几个面顺应周边建筑的走势，在视觉感知上相对连贯。接下来通过对几个较大的面进行了凸出凹进的处理，与居民楼的节奏相呼应。不过后来发现许多问题：首先会有相对复杂的平面，从而导致相对较低的空间利用率与不太寻常的空间体验，这对使用者来说是不太公平的；其次在结构上也会相对难实现，为了一个造型而多花大量的时间金钱是很不划算的。建筑师毕竟是处在投资人和建筑之间的中介，我们在尊重自己设计的同时也需要重视投资者的利益。

然后就是渲染练习了。在做这个作业之前我一直有一个误区——渲染图不就是用来骗人的吗？有哪个建筑在做出来之后能有渲染图的一半好看？于是我曾经痴迷于平面化的渲染图，视觉上很有艺术感和设计感。然而这次的渲染作业告诉我，原来渲染图可以是一个很重要的设计媒介。对于建筑师来说，图纸可以是次要的，最重要的还是让真正建造出来的建筑符合预期。通过华丽的渲染图来欺骗自己与委托人可谓是害人害己，不如去做"绘画建筑"。

对于渲染作业我还有一点疑问没有解开。老师一直……计与建筑是不可分割的。我认为好的建筑室内外要风格统一，相应的空间只有配上合适的家具与装饰才能富有生气。现阶段我并不觉得一些没有结构意义的东西是不好的，我更倾向于一些有趣的装饰，它们能将很简单的空间变得趣味十足。与其通过相对复杂的结构，抑或是"建筑学语言"来突出空间品质，通过后期的室内装修来实现品质岂不是相对更加便捷且自由性更高？说实话到现在我都觉得室内设计与建筑之间没有很明确的界限，可能通过日后的学习我能慢慢有所领会。

最后便是结构设计的作业了。我分到的方案有个明显的特点，其南北两侧都有将近十米的悬挑。我的第一反应就是，这两边的悬挑都往下坠，那么我直接拉几根线连住这两个部分让它们互相平衡不就好了？于是我以此为出发点进行了设计。但是后来通过计算发现几根钢索需要很粗，与设想效果不同，操作又不便利。于是我最后选择了最简单的结构，直接采用厚梁上翻。这样既保证了体系的统一又相对便捷地解决了问题。我想其实结构设计就是要通过最简单的办法来达到最好的效果，它并不需要多么吸引人的地方，只要安全可操作、不对建筑空间造成致命影响，就是好的结构设计。

刘斯腾
LIU Siteng
阿科米星建筑事务所，建筑师

第一环节的体量练习，我们练习了推敲和比较，并在场地中生成体块。这个练习让我体会到，体块本身是具有特性的，稳定、张力这些非常感性的词汇可以通过比例、大小的调节来表达。而当体块放置于场地中，体块与场地中其他建筑、道路、绿地等要素共同营造的空间，会在更大程度上影响建筑带给人的感受，建筑面对街道的姿态因

而变得尤为重要。

第二环节的氛围练习，我们通过渲染图的方式设计空间。记得我的第一次作业被老师评为"没有材质"，这是因为以前无论是做设计还是在日常的建筑观察中，我都将大量的注意力放在形体上，本能地将墙、地板、天花板等要素抽象成模型一样的体块、平面。在这个练习中，我开始关注身边不同的建筑物如何采取不同的材质来表达氛围，察觉到材料的色彩、粗糙度、触感等。渲染器的介入让这种推敲变得容易许多，我从中获得了非常宝贵的经验。

第三环节的结构练习，我们对建筑构想如何被实现有了初步认识，也意识到这是一个不容易的过程，比如当我们为了追求视觉、感官上的纯粹而设计巨大的悬挑时，如果需要巨大的代价来满足这个需求，那么这个需求是否值得满足变成了一个需要思考的问题。

在这些训练中，感性的力量一直被重视和强调。面对尺度、材质、氛围这些要素时，眼睛的直观感受是评价好与不好的重要标准。敏锐的感觉是建筑师的必备素质，也是可以被训练的。所以，我们不能再以自己"感觉不到"作为不思考、不推敲的借口。

汪滢
WANG Ying
中国城市规划设计研究院，规划师

第一个练习，是做一个"稳定而有张力"的方盒子。本质上，是探讨形态与人的感知问题。之前我们被灌输的思想是，建筑形态不那么重要，因为不同的人感受不一样。通过这个作业，我猜想人的感知应该是类似正态分布的状况，一个特定比例的形体，可以使比较多的人产生类似的感受。同时，我学会了求证这样形体的方法：多方案比较，不断趋近一个满意的形态。

体量的小练习作业中，我发现老师最青睐的不是那些造型多变的体量，而是退界得当、尺度感强、带有"建筑特征"的中规中矩的体量。由此引发了我的思考，或许"呼应场地、延续文脉"等要求，并不需要浓墨重彩而刻意的手法来实现。有时候，最基本的手法、最基本的对场地谦和的尊重，恰恰是面向基层的公共建筑设计的一条好出路。由于我在作业期间更希望从社会活动的角度切入，意

图借建筑之契机，结合滨水公园创造更多、更高质量的公共空间，反而忽视了建筑本身形态的考量，实在值得吸收为一次经验教训。

渲染训练中，我习得了 VRay 渲染的技巧，接触了各类复杂的参数，同时也意识到渲染图不应该是欺骗性的竞标工具，而是帮助建筑师推敲设计的诚实辅助。结构训练让我接触了图解静力学，也了解了一些小众的建筑师如康策特等人精妙的设计，也令我深受感动。

总之，几周来的学习，让我加深了对"建筑本体"问题的认知，十分有趣，收获颇丰。但同时也还有质疑的地方，例如老师认为"建筑师玩不了功能，玩的应该是构造、材料、做法等'本体性'课题"的传统建筑学观念也许适用于如瑞士这样经济发达、国土面积小的区域，但是否适用于高速发展、情况复杂的亚洲？

叶子桐
YE Zitong
同济大学建筑设计研究院（集团）有限公司，建筑师

首先是体量练习，虽说主要是从外部关注体量的视角来进行训练的，不过在后来的推敲中我发现，内外是不能分开的，也要多从内在的空间组织与使用等方面来反省和思考体量的意义与作用。在第二次体量评讲中，王彦老师指出我的设计在这样一个不算很大的建筑中安排了很多的退台、阳台、天台，又有一个廊和庭院，当这些有趣的单体空间全都放在一起而且缺乏合适的组织的时候，这个建筑就失去重点和真正精彩的部分了。我想我要学会用简单的手法把几件事做好，同时围绕最重要的部分深入思考。

第二个关于空间氛围的训练我做得有点失败。接到别人的方案时不懂原先的设想，觉得有特色的空间应该是临街的大空间吧，希望这个空间有与临街的关系、有和花园健身区的渗透，还有与楼上空间的渗透。但是我处理它们之间的关系时感到失控，就索性换了一个简单的单一空间。后来想想，其实单一空间也可以做得有动势、有内容。

回顾分项练习，更重要的是应该达到1+1+1 > 3的效果，我们在三个训练中的着重点和设计用力应该使到一处。我应当重视三者之间的紧密联系，比如和前一个做体量的同学多沟通，仔细设想和选取主要空间，使其反映整

个建筑的主要体量特点，结构训练中做的结构也应该用以突出这一主要空间的特色。

张浩瑞
ZHANG Haorui

加州大学洛杉矶分校｜硕士在读

在大学的前一年半中，我仅仅关注建筑作为一种符号所传达出的思想和概念，过分重视建筑形而上的意义，而其他物质性的构成要素都被我视为概念的依附和累赘。

这学期前半段的练习则是对我之前认识的矫正。第一个作业"稳定而有张力"将我的双眼从夸张的形式感、形象冲击力、符号传达中解放出来，我开始留意细节差异的积累所造成的空间气质的改变，从人的知觉和体验出发反思空间。在八个模型的制作过程中，我的眼睛渐渐能留意到体块间几毫米的差距给人造成的微妙感官差异，这种体验是前所未有的。我意识到从前为了展示概念所画出的夸张线条是多么草率而肤浅，空间除了图纸上的墙线外还有无数的细节可以挖掘。

接下来的体量练习对我而言更多是对知识和手法的补充和反思。我第一次的设计方案充满了犹疑不决，它既想与周遭的既成空间进行形态上的呼应，又想自我改造街道的空间形态。这二者之间却没有达成内在逻辑的联系反而相互抵触，造成了语义含混。同时我的一些动作仅仅关注了上帝视角下的建筑形态而失去了对尺度的控制。第二次的方案我在尺度方面做了许多改善，并且尽量削减手法，但最后的结果却仍然陷入了手法杂糅的怪圈。事后我意识到我所做的"削减"仅仅是浮于表面的感性改善，而没有意识到其深层原因是我在概念上就有冲突和分裂。这次练习为我提供了一种建筑价值观：应当用最精简、最克制的手法解决尽可能多的问题和矛盾，这样的标准下生成的形态更加具有说服力。不过我也没有立刻对这种价值判断顶礼膜拜，而是始终保持了对其正当性的质疑。

紧接着的渲染训练为我对细节的关注提供了许多着眼点：扶手、窗框、接缝、踢脚……这些角落都可以成为决定性的空间要素。不仅如此，我还认识到由这些细节所衍生出的构造所具有的表达潜力，而这是我之前一直忽略的。这次艰难的方案推进过程也让我认识到克制设计欲望和巧妙地选取手法的重要。比如为了解决私密性的问题我先后采用了"磨砂玻璃"和"倾斜墙壁"两个比较"凶猛"的手法，最终却没想到能用"窗帘"简单地解决问题。在两周的练习中我同样也熟悉了使用 VRay 作为技术手段推敲方案的过程，同时重新思考了建筑表现工具和方案之间的关系。

最后的结构训练则是对我贫乏的结构知识的极大补充，它让我认识到结构在建筑中的地位以及结构本身所具有的建筑表现力。这次设计流程中第一次的方案我由于太在意用结构去表现，结果给出了一个幼稚、矛盾的方案，这一问题源于我对设计要求的不充分理解。这一阶段的学习给人的启发是全方位的，同时我也意识到了定期记录自己的思考的重要性。

4

大课题

Intricate Tasks

▼ **大课题·外滩宾馆**　小型宾馆 / 上海外滩九江路47号（近四川中路）/ 约3000平方米

▼ **大课题·武康路酒店公寓**　小型酒店公寓 / 上海市武康路101号 / 约4000平方米

▼ **大课题·曹杨新村社区综合服务中心**　社区行政服务中心 / 上海市曹杨新村棠浦路51号 / 约2000平方米

大课题·外滩宾馆

2014.

大课题 = 外滩宾馆

● 教学目标

通过功能相对简单的建筑设计课题，引导学生完整地设计一座建筑，初步掌握设计研究方法，注重建筑与周边城市环境的关系，对体量、空间、功能、材料、构造、结构有综合的认识并具备清晰表达效果图、模型、CAD 平立剖面图及构造图的能力。

● 设计任务书

建筑类型：小型宾馆

基地位置：上海外滩九江路47号（近四川中路）

建筑面积：约3000平方米

基地面积：980 平方米

容积率：≤ 3.0

覆盖率：≤ 55%

建筑限高：≤ 24 米

■ 功能及净高要求

□ B1地下一层

配电间：1间 / 面积30平方米 / 层高4米

弱电间：1间 / 面积30平方米 / 层高3米

暖通设备间：1间 / 面积60平方米 / 层高3米

冷热水间：1间 / 面积60平方米 / 层高3米

后勤被单储藏间：1间 / 面积80平方米 / 层高3米

后勤办公：4间 / 面积20平方米 / 层高3米

储藏间：2间 / 面积40平方米 / 层高3米

卫生间：2间 / 面积10平方米 / 层高3米

□ 1F 地面层

大厅：1间 / 面积200平方米 / 层高4米

咖啡简餐：1间 / 面积150平方米 / 层高3米

值班间：1间 / 面积20平方米 / 层高3米

储藏间：1间 / 面积20平方米 / 层高3米

卫生间：2间 / 面积10平方米 / 层高3米

□ 2~6F 二至六层

客房：35～40间 / 面积35平方米 / 层高3米

● 日程安排

◎ 3月31日，外滩调研点评，ppt汇报技巧简介；讲座：外滩历史沿革（王红军）。

◎ 4月3日，调研成果提交汇报；讲座：宾馆功能概述（王彦）。

◎ 4月10日，功能空间结构评讲；讲座：建构（王凯）。

◎ 4月14日、17日、21日、24日，功能空间结构讲评。

◎ 4月28日，内部评图（要求提交内容包含A1尺寸沿街透视、A1尺寸室内透视、模型、平立面图）。

◎ 5月5日、8日，设计调整。

◎ 5月12日，专家中期评图（要求提交内容包含平立剖面图、1:100室内空间模型、1张A1尺寸沿街效果图、1张A1尺寸公共室内空间效果图）。

◎ 5月15日，调整设计，着手剖立面构造设计。

◎ 5月19日，剖立面构造设计评图。

◎ 5月22日，各图纸定排版。

◎ 5月26日、29日、6月2日、5日，图纸模型制作。

◎ 6月9日，最终评图（两周展览）。

● 最终成果要求

◎ 1:500 总平面图

◎ 1:200 各平、立、剖面

◎ 1:20 剖立面构造图

◎ 1:50 建筑模型

◎ 沿街合成效果图，A0尺寸

◎ 表达空间序列的室内效果图3张，其中至少一张为A0尺寸

葛梦婷
GE Mengting

弗古尼亚理工学院，博士生在读

▲ 沿街透视

九江路外滩宾馆设计在当时是我从来没有接触过的类型。我先前的学习经历主要以对空间功能、设计概念与逻辑的训练为主，因此对于精品酒店这种探讨与推敲空间原始比例、材料、流线和氛围的课程感到相当新奇。通顺自洽的设计概念与逻辑是建筑设计的基础原则，而出色稳健的细节才能从根本上保证建筑的质量与体验，也可以助推不同利益人群对作品的理解和共鸣，这是我从毕业后两年的实践经验中慢慢体悟出的道理。还记得当时我苦于渲染软件的操作，不过后来也明白软件作为工具只是帮助表现设计的媒介而已，而渲染背后对空间细节思考已然长远地影响了我日后的学习与实践，某种程度上也诠释了实验班培养专业熟练、适应社会、引领时代的设计师的初衷。虽然自实验班学习后我已转向区域规划咨询领域，但这个经典设计课程所训练的细节与质量的把控能力一直有益于我。

▼ 室内渲染

▼ 墙身剖立面大样图

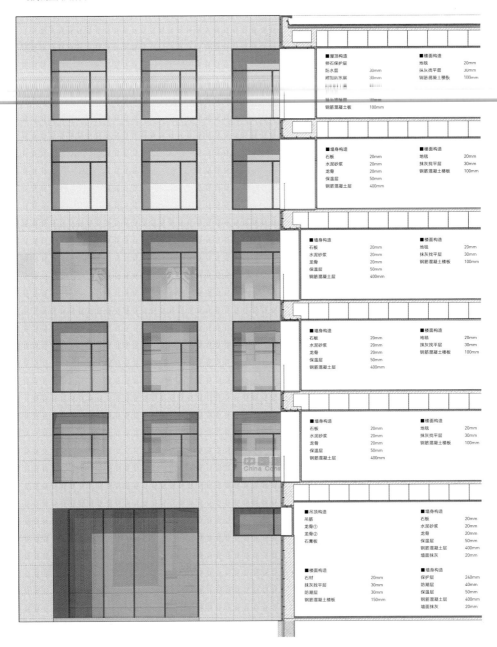

▼ 模型

▼ 总平面图

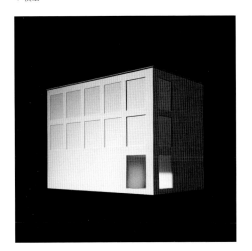

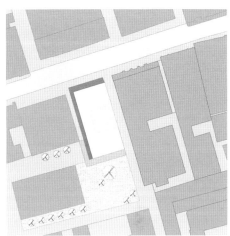

▼ 一层平面图　　　▼ 二层平面图　　　▼ 三至六层平面图　　　▼ 地下一层平面图

▼ 立面图　　　　　　　　　　　　　　　　　　　　　▼ 剖面图

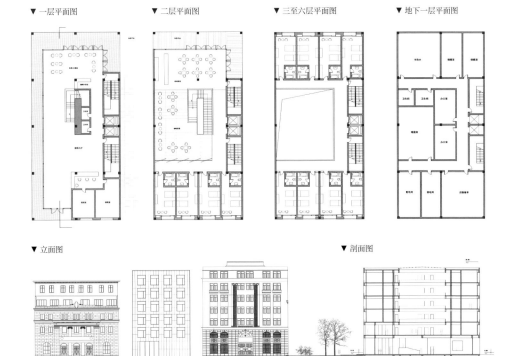

黄炜乐
HUANG Weile

华润置地总部，战略投资专员

▲ 沿街透视

　　九江路外滩宾馆设计是一个对体量、比例等建筑元素进行专项研究的作业。作业给定的是一个很方正的场地，左右都是历史建筑，看上去在建筑造型和建筑概念方面没有很多发挥余地。但也正是这样的场地，让我们更加关注建筑体量和比例给人传达出来的细微感受，会去推敲各种比例细节，比如窗台的高度、窗的深度。这个作业也是我们第一次关注建筑室内氛围的营造，比如如何营造一个和周边历史氛围相匹配的大堂等。通过借助渲染图对室内氛围进行推敲，我们更好地理解了室内宜人的尺度以及光线的情况。尽管现在我已经不从事建筑设计工作，但这次作业对于建筑细节的推敲和研究所产生的方法论，对于我日后在工作和生活中不断提升美学素养很有帮助。

▼ 室内渲染

▼ 墙身剖立面大样图

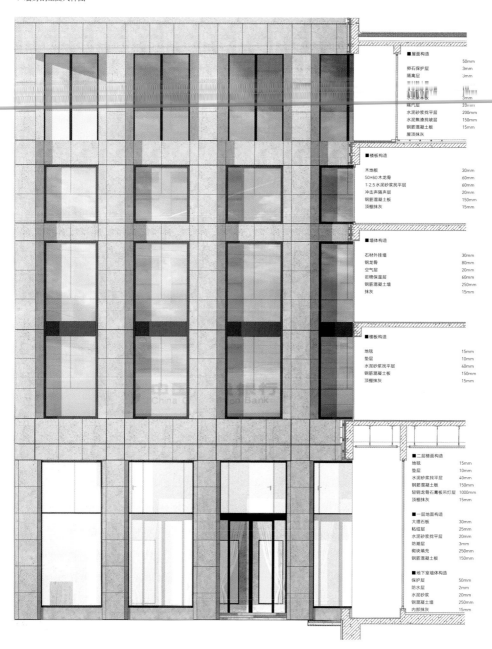

■ 屋面构造

卵石保护层	50mm
隔离层	3mm
▓▓▓▓▓▓▓	3mm
隔汽层	20mm
水泥砂浆找平层	200mm
水泥焦渣找坡层	150mm
钢筋混凝土板	15mm
屋顶抹灰	

■ 楼板构造

木地板	30mm
50×60木龙骨	60mm
1:2.5水泥砂浆找平层	60mm
冲击声隔声层	20mm
钢筋混凝土板	150mm
顶棚抹灰	15mm

■ 墙体构造

石材外挂墙	30mm
钢龙骨	80mm
空气层	20mm
岩棉保温层	60mm
钢筋混凝土墙	250mm
抹灰	15mm

■ 楼板构造

地毯	15mm
垫层	10mm
水泥砂浆找平层	40mm
钢筋混凝土板	150mm
顶棚抹灰	15mm

■ 二层楼面构造

地毯	15mm
垫层	10mm
水泥砂浆找平层	40mm
钢筋混凝土板	150mm
轻钢龙骨石膏板吊灯层	1000mm
顶棚抹灰	15mm

■ 一层地面构造

大理石板	30mm
粘结层	25mm
水泥砂浆找平层	20mm
防潮层	3mm
砌块填充	
钢筋混凝土板	150mm

■ 地下室墙体构造

保护层	50mm
防水层	2mm
水泥砂浆	20mm
钢混凝土墙	250mm
内部抹灰	15mm

▼ 模型

▼ 总平面图

▼ 一层平面图

▼ 二层平面图

▼ 三至六层平面图

▼ 地下一层平面图

▼ 立面图

▼ 剖面图

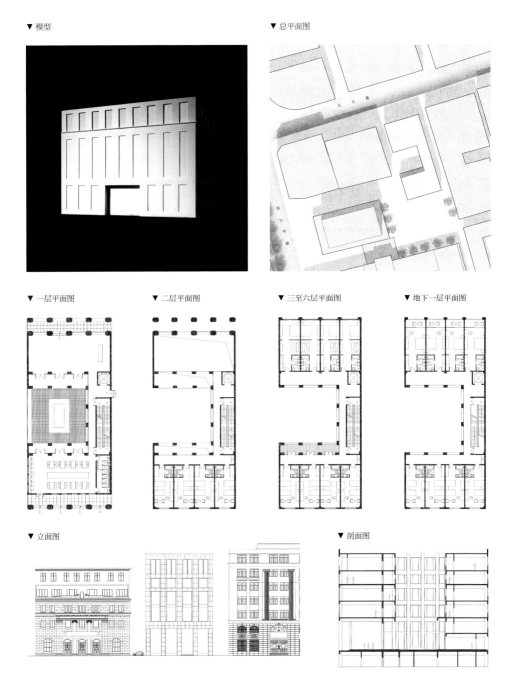

李振燊
LI Zhenshen

广州市城市规划设计有限公司，城市规划师

▲ 沿街透视

对于一个建筑初学者来说，外滩宾馆设计及其两个前奏练习的课程训练适时培养了我对建筑的一种认知方式——通过建筑的本体性元素（比例、光、材质、构造等）切入，探讨空间品质和氛围感知。这种聚焦于物质本体的认知方式具有普适性，此后也时常被我作为一个工具，对一些作品的设计好坏、合理与否、细致程度等进行初步的主观判断。同时，因为讨论的内容达到了一定的精细程度（比如王彦老师讲述立面干挂石材的分缝跟窗洞之间的关系，王凯老师引导我去了解高迪设计的门把手），这组课程大大地提升了我对设计的敏锐度，甚至有时候不自觉就像一个原教旨主义者一样，对物质性层面的内容有所苛求。

然而实际上，在我目前主要从事的城市规划、城市设计工作中，面对当下的社会、文化、技术变化，以及多种角色的多重视角，很多时候我不得不主动经历一个思维"脱敏"的过程，在本体性之外更多考虑社会性、观念性的内容。在中国本土的语境中，社会性、观念性的"意"似乎比本体性的"物"能得到更多的关注。基于此，我也有了一点想法，那就是能否在保持课程"精度"的同时拓展话题的"广度"？

▼ 室内渲染

▼ 墙身剖立面大样图

■屋面构造
细石混凝土保护层　　　　　　　　　50mm
防水卷材　　　　　　　　　　　　　20mm
保温岩棉板　　　　　　　　　　　　50mm
钢筋混凝土墙体　　　　　　　　　　
顶棚抹灰　　　　　　　　　　　　　30mm

■墙体构造
干挂磨面花岗岩石板　　　　　　　　25mm
保温空腔　　　　　　　　　　　　　60mm
不锈钢龙骨　　　　　　　　　　　　80mm
细石混凝土保护层　　　　　　　　　30mm
防水卷材　　　　　　　　　　　　　5mm
报恩岩棉板　　　　　　　　　　　　50mm
水泥砂浆找平　　　　　　　　　　　20mm
钢筋混凝土墙体　　　　　　　　　　410mm
室内墙面抹灰　　　　　　　　　　　20mm

■标准层楼板构造
橡木地板　　　　　　　　　　　　　60mm
防撞击隔声层　　　　　　　　　　　25mm
水泥砂浆找平　　　　　　　　　　　20mm
钢筋混凝土楼面板　　　　　　　　　120mm
顶棚抹灰　　　　　　　　　　　　　20mm

■首层顶板构造
橡木地板　　　　　　　　　　　　　60mm
防撞击隔声层　　　　　　　　　　　25mm
水泥砂浆找平　　　　　　　　　　　20mm
钢筋混凝土楼面板　　　　　　　　　120mm
不锈钢龙骨吊顶　　　　　　　　　　1055mm
磨面石膏板　　　　　　　　　　　　20mm

■首层地面构造
磨面大理石石板　　　　　　　　　　30mm
水泥砂浆找平　　　　　　　　　　　30mm
防撞击隔声层　　　　　　　　　　　100mm
水泥砂浆找平　　　　　　　　　　　30mm
钢筋混凝土楼面板　　　　　　　　　280mm
顶棚抹灰　　　　　　　　　　　　　30mm

▼ 模型

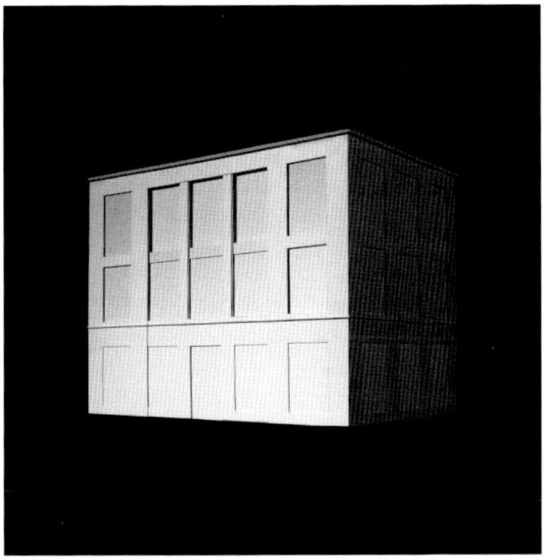

▼ 总平面图

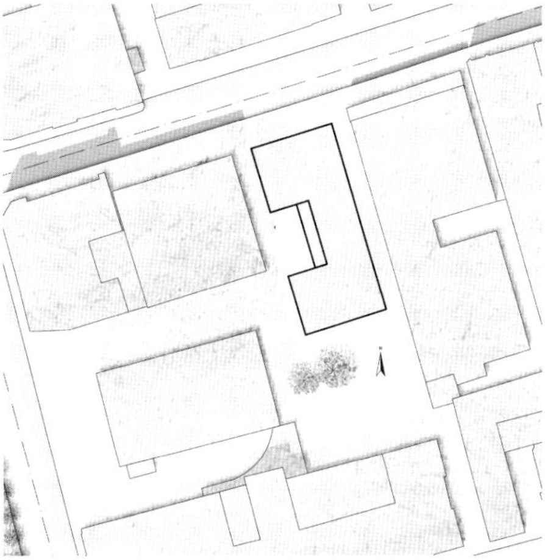

▼ 一层平面图

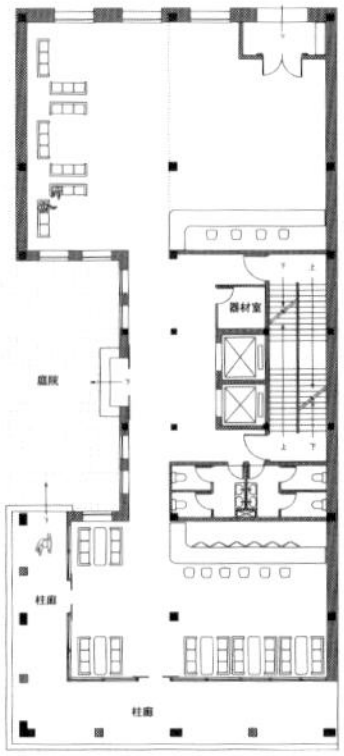

▼ 二层平面图

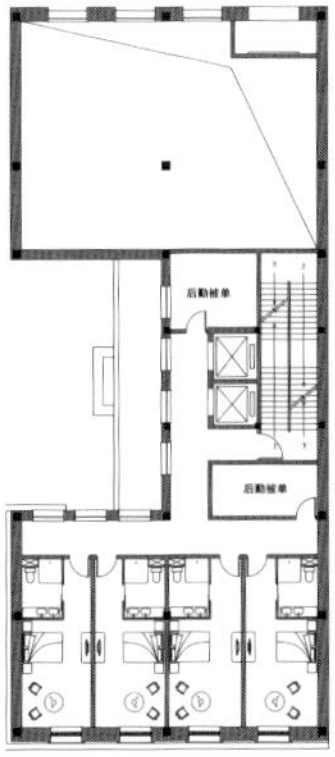

▼ 三至六层平面图

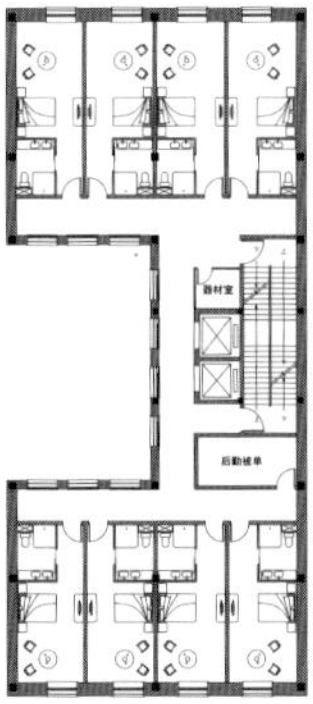

▼ 地下一层平面图

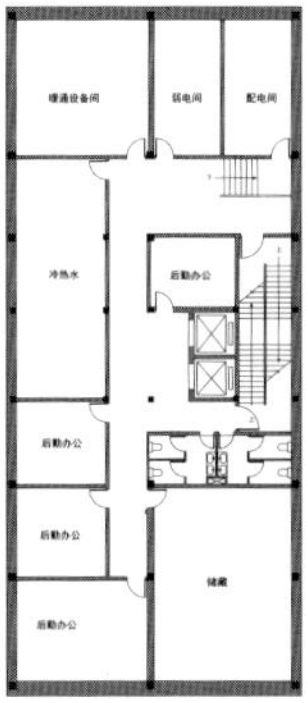

▼ 立面图

▼ 剖面图

王卓浩

WANG Zhuohao

大舍建筑设计事务所建筑师

▲ 沿街透视

回想起来，大二下的酒店设计，在经历过的众多设计实践中，是基本而重要的。

无论是从概念出发、从现实的社会问题出发、从纯粹形式的内在逻辑出发，我们之前和之后经历的课程总是以建筑学外部的因素引入，结果也需要达成某种叙事性。

而在大二下的设计中，我们直面最基本的问题——尺度和比例。其中我印象比较深刻的是，老师们使用"张力"一词来总括描述我们操作比例和尺度需要达到的目标，以"品质"判断不同操作结果的适应性。如最基本的材料分割，昂贵的材料石材既可以以极限的大块分割来彰显贵气，也可以分得很小来配合实现某种亲切的氛围。

关于尺度和比例的知识，在后来的设计实践中一再被演绎。

▼ 室内渲染

▼ 墙身剖立面大样图

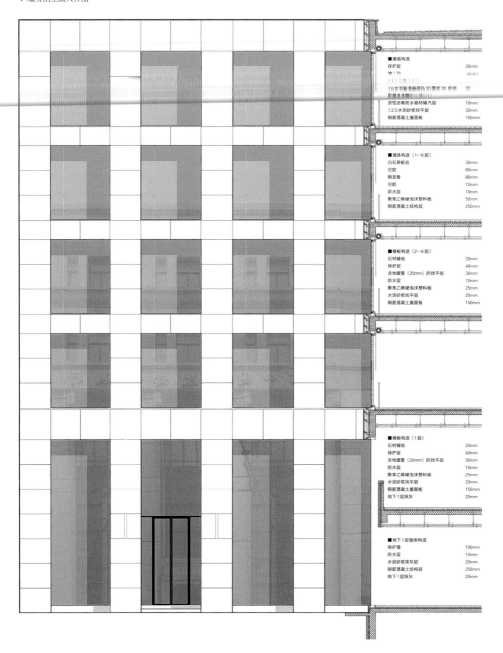

■屋面构造
保护层 20mm
第一层 100mm
改性沥青防水卷材隔汽层 10mm
1:2.5水泥砂浆找平层 20mm
钢筋混凝土屋面板 150mm

■墙体构造（1—6层）
白石英板岩 30mm
空腔 80mm
钢龙骨 80mm
空腔 10mm
防水层 10mm
聚苯乙烯硬泡沫塑料板 50mm
钢筋混凝土结构层 250mm

■楼板构造（2—6层）
石材铺地 20mm
保护层 40mm
含地暖管（20mm）的找平层 30mm
防水层 10mm
聚苯乙烯硬泡沫塑料板 25mm
水泥砂浆找平层 20mm
钢筋混凝土屋面板 150mm

■楼板构造（1层）
石材铺地 20mm
保护层 40mm
含地暖管（20mm）的找平层 30mm
防水层 10mm
聚苯乙烯硬泡沫塑料板 25mm
水泥砂浆找平层 20mm
钢筋混凝土屋面板 150mm
地下1层抹灰 20mm

■地下1层墙体构造
保护墙 100mm
防水层 10mm
水泥砂浆抹灰层 20mm
钢筋混凝土结构层 250mm
地下1层抹灰 20mm

▼ 模型

▼ 总平面图

▼ 一层平面图　　　▼ 二层平面图　　　▼ 三至六层平面图　　　▼ 地下一层平面图

▼ 立面图　　　　　　　　　　　　　　　▼ 剖面图

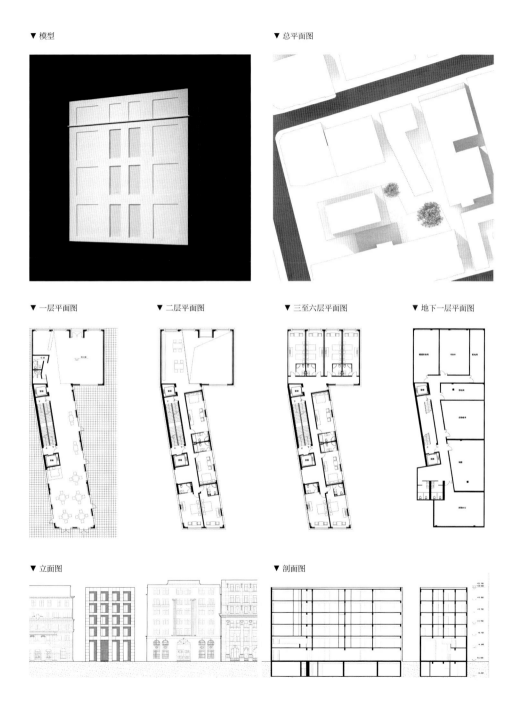

吴依秋
WU Yiqiu

KPF 建筑设计事务所建筑师

▲ 沿街透视

　　回看二年级的九江路宾馆课题，夸奖的话就不多说了，借这个机会写一点小反思。可能有经验的建筑师会认为，通过渲染图的表现与比选，可以高效推进方案，但是对那些半只脚刚迈入建筑圈、尚不具备建造经验、不论技能还是知识储备都尚缺的初学者来说，要通过扁平化的效果图来推进方案、实现二维画面与三维空间之间的自如切换、区分画面品质与空间品质的差别，这些并非易事，何况他们还容易陷入对渲染图本身的二次创作上。比如偶然间通过调参数渲出了一个满意的立面肌理，但他们很难将这种图面品质与材质的真实肌理、质感、颜色、制作工艺、表面处理、模块尺寸、构造做法等进行关联。对尺度、细部、构造等

的理解亦是如此，所有的判断都是建立在视觉上、画幅间，缺乏身体上的感受力，因此很难实现对真实空间的具体想象。

　　我尝试和不同教育背景的同行们讨论过这个问题，从中发现欧洲一些院校值得学习的地方。还是以材质举例，学生们有的会打印等比例材质图片进行立面挂样研究，有的会联系厂家获取小样，有的邀请材料商宣讲答疑，有的进行小型浇筑实验，有的会做大比例的细部节点，还有的会和老师讨论当地材料特性。通过更多维度的拓展，学生们搭建起自己对空间的想象。最终的成果表达在形式上可能只是一张渲染图，但中间思考的过程应该是在三维甚至更多维度中进行的，过程的展示方式也可以是更多元的。

▼ 室内渲染

▼ 墙身剖面立面大样图

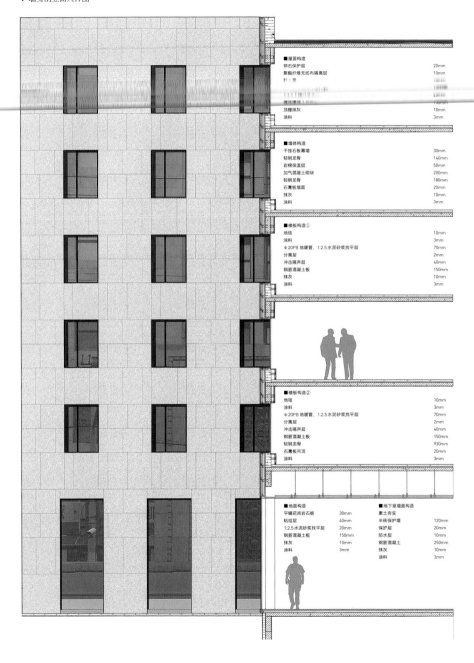

■屋面构造
卵石保护层 20mm
聚酯纤维无纺布隔离层 10mm
防水层 100mm
保温层 150mm
顶棚抹灰 10mm
涂料 3mm

■墙体构造
干挂石板幕墙 30mm
轻钢龙骨 140mm
岩棉保温层 50mm
加气混凝土砌块 200mm
轻钢龙骨 180mm
石膏板墙面 20mm
抹灰 10mm
涂料 3mm

■楼板构造①
地毯 10mm
涂料 3mm
Φ20PB 地暖管，1:2.5水泥砂浆找平层 70mm
分离层 2mm
冲击隔声层 40mm
钢筋混凝土板 150mm
抹灰 10mm
涂料 3mm

■楼板构造②
地毯 10mm
涂料 3mm
Φ20PB 地暖管，1:2.5水泥砂浆找平层 70mm
分离层 2mm
冲击隔声层 40mm
钢筋混凝土板 150mm
轻钢龙骨 930mm
石膏板吊顶 20mm
涂料 3mm

■地面构造
平铺花岗岩石板 30mm
粘结层 40mm
1:2.5水泥砂浆找平层 20mm
钢筋混凝土板 150mm
抹灰 10mm
涂料 3mm

■地下室墙面构造
素土夯实
半砖保护墙 120mm
保护层 20mm
防水层 10mm
钢筋混凝土 250mm
抹灰 10mm
涂料 3mm

▼ 模型

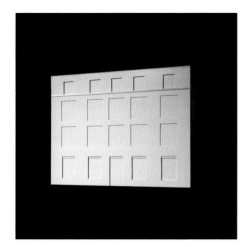

▼ 总平面图

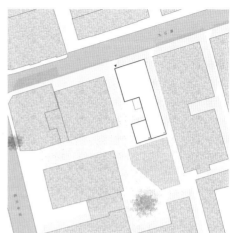

▼ 一层平面图

▼ 二层平面图

▼ 三至六层平面图

▼ 地下一层平面图

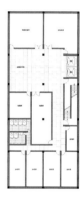

▼ 立面图

▼ 剖面图

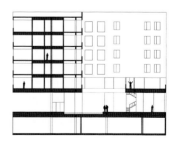

杨竞
YANG Jing

同济大学建筑设计研究院建筑师

▲ 沿街透视

　　九江路外滩宾馆是我进入实验班之后接触到的第一个设计课，也是让我对建筑设计的认知产生变化的转折点。从单元空间到室内再到立面，我们一反常态，采取了从内到外的思考模式，这也让我开始了解，建筑设计的任何一部分都不能独立于其他而单独存在，构造手法、细部处理、材料选择都会对建筑的最终形态产生影响。而这些，促使我在后来的设计过程中学会思考，我的设计将如何被建造出来？这一堂设计课于我而言是真正意义上的建筑入门。

▼ 室内渲染

▼ 墙身剖立面大样图

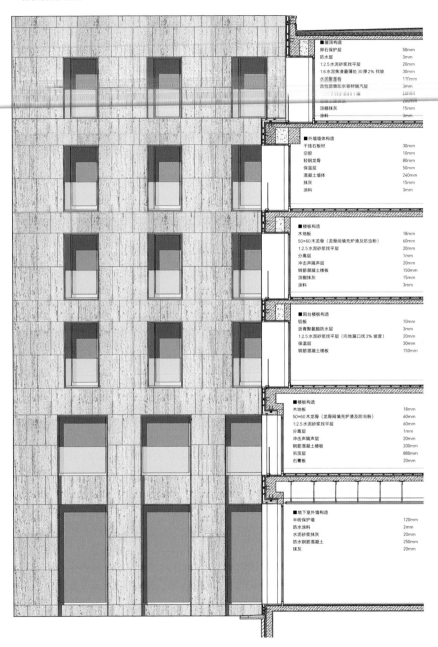

■屋顶构造
卵石保护层 50mm
防水层 3mm
1:2.5水泥砂浆找平层 20mm
1:6水泥焦渣最薄处30厚2%找坡 30mm
水泥聚苯板 170mm
改性沥青防水卷材隔汽层 3mm
找平层 20mm
钢筋混凝土屋面板 200mm
顶棚抹灰 15mm
涂料 3mm

■外墙墙体构造
干挂石板材 30mm
空腔 10mm
轻钢龙骨 80mm
保温层 50mm
混凝土墙体 240mm
抹灰 15mm
涂料 3mm

■楼板构造
木地板 18mm
50×60木龙骨（龙骨间填充炉渣及防虫粉） 60mm
1:2.5水泥砂浆找平层 20mm
分离层 1mm
冲击声隔声层 20mm
钢筋混凝土楼板 150mm
顶棚抹灰 15mm
涂料 3mm

■阳台楼板构造
铝板 10mm
沥青聚氨酯防水层 3mm
1:2.5水泥砂浆找平层（向地漏口找3%坡度） 20mm
保温层 30mm
钢筋混凝土楼板 150mm

■楼板构造
木地板 18mm
50×60木龙骨（龙骨间填充炉渣及防虫粉） 60mm
1:2.5水泥砂浆找平层 60mm
分离层 1mm
冲击声隔声层 20mm
钢筋混凝土楼板 200mm
吊顶层 880mm
石膏板 20mm

■地下室外墙构造
半砖保护墙 120mm
防水涂料 2mm
水泥砂浆抹灰 20mm
防水钢筋混凝土 250mm
抹灰 20mm

▼ 模型

▼ 总平面图

▼ 一层平面图

▼ 二层平面图

▼ 三至六层平面图

▼ 地下一层平面图

▼ 剖面图

▼ 立面图

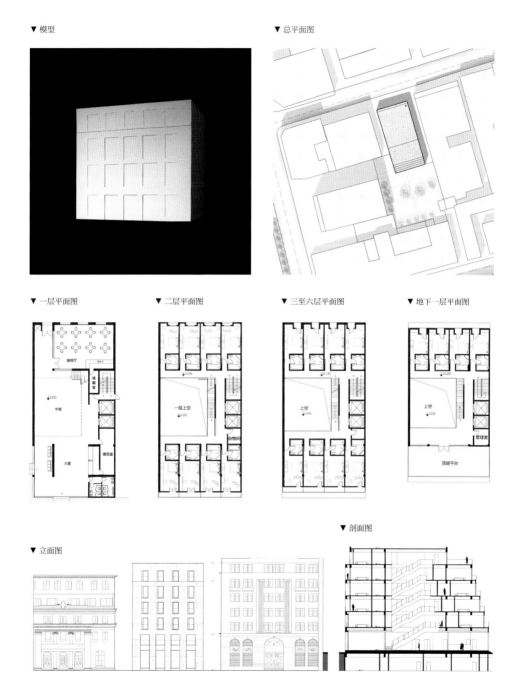

朱旭栋
ZHU Xudong
Sasaki Associates (Boston) 城市设计师

　　大二的九江路外滩宾馆的设计课题对我来说是一个设计基础能力的培养过程。从宏观和微观的角度教会了我如何用场地、流线、界面的工作方式去理解项目中的比例、尺度、光影、材料等本质的问题。课题本身的酒店功能我认为并不是很重要，这一个学期，我收获更多的是学习到了如何去对比自己设计中的各种空间问题，这也直接影响了我目前的设计推敲流程——无论是设计的前期还是后期，我习惯于针对某一个方面进行多方案的比较，它们之间的差别可能是微小的，但是通过并置后的横向比对就能很高效地找到自己心中想要的那个氛围。

王梅洁
WANG Meijie
元星智药（Metanovas Biotech）CEO

　　外滩宾馆设计已经是9年前的设计作业了，惊叹时间飞逝！我还记得当时这个课题做得非常痛苦，首先是需要花不少时间研究VRay渲染，其次是设计过程中涉及很多建筑细节和构造问题，这些都是我最不擅长的。不过很好的一点在于这个课题始终紧扣建筑本体，相比很多建筑学形而上的讨论，是实实在在地讨论建筑作为物的（形式）操作与解决问题。这个课题对于培养职业建筑师来说还是非常有意义的，不过我们当时只有大二，可能有点过早接受这个训练了，那时候我还纠结了很长时间之后留学应该去美国还是去欧洲。有趣的是后来刚开始从事建筑工作的时候，还在王彦老师手下干了一段时间。现在转行了，做的事情和建筑基本没什么关系了，所以很难再谈及对我现在的意义。要说关联的话，可能就是我现在能从计算机图形学的角度理解这些渲染效果的原理和实现方法（笑）。另外有一些小建议，可以引入一些相对科技的办法来进行建筑空间推敲，比如VR，技术上实现比较简单，不见得比VRay难多少，还更情境化地辅助推敲空间形式和体验（笑）。

闫爽
YAN Shuang
工作于旧金山，建筑师

　　九江路外滩宾馆设计是我们进入实验班后第一个设计题目，有幸由"三王"老师指导。在我本科到研究生期间上过的所有设计课中，这个设计课无疑是最扎实、最磨炼基本功的。我印象最深的莫过于"稳定""张力"这两个词，从一次次用手工模型研究立面比例，到用一张张大幅渲染图推敲大厅细节，我们逐渐明白如何用建筑元素做出具有表达性、感染性的建筑。建筑正是由千千万万看起来漫不经心而又微妙的细节堆叠产生的，铺地的方向、纹理的大小、空间的收放，一个不同纹理的材质会给人截然不同的感受，一个不同比例的空间会给人大相径庭的体验。毋庸置疑，夸张的形式会给予人视觉上的短暂冲击，但"稳定而有张力"的细节，才能成就最打动人的建筑。

魏嘉彬
WEI Jiabin
剑桥大学博士在读

　　在九江路外滩宾馆的设计过程中，我对建筑与城市关系的认识发生了两次转变。第一次转变是我恍惚觉得建筑与城市的关系不再紧密：在设计开始之前，我的关注点一直在建筑的外围打转，如建筑"外壳"与场地、环境的关系；而在设计的过程中，由于基地夹在早期开埠建筑之间，仅有一个立面向城市道路开放。过于"日常"的基地条件让我一时找不到"以环境生形找形"的切入点，除了立面以外一切似乎都可以脱离城市环境而存在。在老师的耐心指导下，我有了第二次转变，开始慢慢关注到建筑空间本身与人的关系，并意识到人对空间的使用方式和认知方式与其所处的城市以及文化环境密切相关。具体设计过程中，我重新建构了建筑与城市的内在关系。在对外滩建筑空间相较于上海其他城市建筑空间的独特性及其形成机制进行深入调研的基础上，我选择在自己的设计中重点考虑立面传达给人的信息、建筑进入的方式以及客房私密空间与公共走廊的关系，希望通过对当下建筑语言的运用以及对日常使用需求的回应，来构建使用者与历史外滩建筑空间的联系。

之后在从事城市规划工作的几年时间里，我越发意识到城市整体风貌的营造与延续的关键在于日常建筑和城市空间的渐进式"遗传变异"。优秀的建筑师往往能够在兼顾地域性与时代性的同时，于无声处听惊雷、于"日常"处筑"非常"。因此，可以说外滩宾馆设计给我带来了全新的建筑与城市认知。

胡淼
HU Miao
同济大学城乡规划学博士生在读

九江路外滩宾馆设计课程不仅让我接触到全新的设计方法，更重要的是，借助渲染软件，通过反复地推敲，作为建筑初学者的我建立起了对尺度、比例、韵律、光影、氛围、文脉等建筑学重要概念的感性认知。这种认知帮助我此后更加有意识、有方法地分析和理解城市空间形式及其构成逻辑，教会我如何评判和塑造高品质的城市空间。在回到规划系学习之后，面对规划图纸中容积率、贴线率、建筑高度等控制要求时，我总能回想起当初在外滩调研时的时光，在脑海里构建起可触可感的场所，似乎真实地置身于城市环境中，而不只是将它们视为技术指标或法定图则。在城市设计和高质量城市发展逐渐得到强调的今天，八年前的这次训练对于像我一样的年轻规划师显得尤为宝贵。

孙桢
SUN Zhen
同济大学建筑设计研究院建筑师

通过课程的学习，我第一次对建筑本身有了更具象更落地的认识，对建筑的比例、材质、细部设计等有了系统认知，使观察及理解建筑有了新的视角，也使我们第一次对建筑构造开始建立了概念，让建筑设计超越了模型制作的范畴。课程从"大空间"和"立面"两个方向入手，分别对应三维和平面两个维度，也是从人的视角和城市的视角综合考量建筑。通过渲染技术的介入，让我们更加感性和直观地认识到不同材质以及不同比例的选择对建筑空间

的气质、姿态、美感的不同影响。

该课题的成果形式为一张立面渲染图以及一张大空间渲染图，这种形式能够很直观地反映课题设计重点，也帮助我们在设计过程中有的放矢。但是从学生角度来看，难免会由于注重最后的成果表达，忽略了对建筑整体的把控。在课题中后期重点塑造立面和大空间的过程中，对建筑整体的认知会比较弱，以及对各层平面、次立面和其他建筑内部空间的关注会比较欠缺。

解李烜
XIE Lixuan
上海商业地产建筑师

这是一剂效用长久的"中药"。不同于"西药"的快准狠，这门课不一定当场明显见效，却能在日后相当长的时间发挥效用，对我们的建筑从业生涯产生长远且重要的影响。

这是一次不可错过的教学。这是我第一次认真地思考比例、光影、尺度、氛围等与建筑品质相关的要素，从而提升了设计品味与鉴赏能力。

这是一段艰苦卓绝的经历。一整个学期，大家时常渲染到破晓，在几小时后还要拖着疲惫的身躯出现在设计课的讲台前。但随着渲染软件的飞速进步，相信更大比例的时间将被用于深入思考而非使用软件。

张季
ZHANG Ji
工作于安特卫普，建筑师

回头来看，九江路宾馆训练的内容和毕业之后的工作能够很好地结合起来，尤其是其中关于开窗法和比例的讨论。在应对住宅和学校这种功能要求很强的类型建筑时，这一部分训练让能够我比较快速地完成从学生到实际工作的过渡，从而减少了一些从学校到工作的落差和不适应。

回到课题本身，如果能在课题前期增补更多关于课程方法的历史背景介绍或者讲座会更好，比如多介绍一些这种以基本比例作为美学的实践是如何兴起的，同时更多去帮助同学们区分一下这种实践和大家从网络上看到的例

子，比如日本、丹麦的当代实践。这样可能会让同学们更快地进入要讨论的语境，也更快明白自己能够期待些什么。

何星宇
HE Xingyu
同济大学建筑与城市规划学院博士研究生

多年前的外滩宾馆课题总体上是令人困惑的。为了让课题中来自欧洲语境的设计方法适应本土，课题艰难地选择（构造）了一个并不理想的"理想"场所。场地一侧体现了外滩的殖民文化历史背景，原本希望借此提供一种形式参考，但是基地两边建筑并不成功的复古立面却没有起到有力的参照作用，反而徒增混乱；另一侧则是一个在上海实际城市空间中几乎无法找到的内院。在这种情况下，很难从本地的环境感知中真正获得设计参考。对我而言，整个过程变成了一种在"模仿并不值得模仿的邻居"和"空想式自说自话"之间进退维谷的抉择。然而，课题中作为前期导入训练的立面和单体空间的设计练习，以及之后在困惑与挣扎中前进的课题设计对我依然意义重大，它们帮助我建立起了对比例、材质、光和构造问题的初步认识，而当时对于连接欧洲方法和本土语境的痛苦尝试，也为我之后思考这个二元问题提供了重要的参照。

王舟童
WANG Zhoutong
亚马逊资深解决方案架构师

首先，九江路设计课让大二的我们第一次从形式和美学中解放出来，站在城市的角度考虑设计。由于空间狭小、地理位置特殊，以及考虑到历史语境的因素，我们对待这个宾馆设计的态度必须谨小慎微。因此在设计过程中，因果推理占到了主导地位。从立面的雕琢到户型的推导都是有迹可循的。虽然如今我早已不做设计，但理性思维方式的影响是跨界且持续的。其次，我一直认为，五年的本科学习时间对于建筑师的培养来说是远远不够的，因此很多时候课程的选题不得不侧重于设计的广度，且无法注重效果，学生学习的感受是局促的。相比于相同阶段的题目，九江路宾馆课题更侧重于设计深度，现在回想起来仍然是很奢侈的学习体验。

刘育黎
LIU Yuli
从事以字体设计和文字排印为主的研究、实践及教学工作

九江路外滩宾馆设计是实验班的第一个课题，也是我本科的建筑和规划学习生涯中第一次需要在既存环境中考虑自己的设计，特别是在外滩这种具有深厚历史底蕴、建筑密度较高的地区插入一个新设计的建筑，其难度可想而知。但正是这种经历对我后来的学习工作产生了最深刻的影响。虽然现在所做的事情与建筑和规划无关，但无论哪方面的设计都无可避免地要处理这样的问题，这在我看来也是"设计"这一学科和纯艺术工作的主要区别所在。

在这一课程中，我们还对建筑表现方面的工具和手段有了更进一步的了解。此外，课程的最后还安排了教学成果展览的环节，策展、布展经历也使我获益良多。

张琬舒
ZHANG Wanshu
同济大学建筑设计研究院建筑师

九江外滩宾馆设计给我留下最深的印象有两点：首先，我是第一次（也是唯一一次）非常细微地去推敲一座建筑古典式的体量、立面划分、装饰线脚等；其次，我是第一次接触渲染，也是第一次用建筑内部的核心空间来表达设计。可以说，这是从技术和思想两个方面同时对当年的我进行着冲击，而且在当时来看，这个"独特"的课程也显得和前后的教学有点格格不入。

现在我已经毕业了，仍然在建筑设计行业工作，反观当时的酒店设计课程，其实对于学生时代的我应该是一个很好的启发。无论是立面推敲还是室内渲染，都是之前的课程设计（乃至之后的课程设计）都不曾深入的部分，但这两点在实际工作中的运用却是非常多且必要的。我认为，酒店设计课程旨在让我们转换设计的思路，从微观或者说局部入手去塑造一个整体。可惜的是后续的课程并没有延续这种风格，也就并没有足够的机会去体会这种思考方式了。

汤胜男
TANG Shengnan
工作于华盛顿，建筑师

在九江路外滩宾馆设计课中，我采用了贴近基地所在区域中较为常见的近代建筑风格和比例的方式，尝试将建筑本身由内到外自然地融入街道图景。通过九江路酒店设计，我对城市文脉的理解开始融于每次思考设计的过程中。而如何从前期研究和思考当中提炼出方案的概念，使之成为引领整个设计过程的根本，以及如何推动体块和空间张力，成为了我在之后的学习中持续思考的问题。

现在重新回顾这个题目和当时的设计方法，无论是应当采用更为积极的语言再创造街道的氛围，还是在概念基础上继续提炼更为谦虚而当代的方式来强调对于文脉的尊重，也许都会有不一样的或是更简洁的方案，因为城市和街道的记忆拥有许多不同的纪念形式。但对我来说，这次设计课最关键的意义在于学习确立设计的信念，通过在各种复杂因素的基础上的思考和理解，从而果断明确自己的方向。

王子潇
WANG Zixiao
阿科米星建筑设计事务所建筑师

九江路外滩宾馆设计对于当时大二下的我来说是完全崭新的学习体验。整个学习过程围绕效果图的表达展开，除了软件渲染的技能要求之外，对于材料构造与空间氛围之间关系的理解成为设计的关键。但由于低年级学生对实际工程经验缺乏了解，在建立操作和效果之间的联系时便会遇到"悬浮"的困难——对于想要的效果无法建立具体的诉求，对于设计操作和手法又无法准确应用，这不仅体现在空间氛围的营造上，还体现在立面设计的过程中。现在想来，这门课程意义就是试图训练学生在这两者之间建立联系，当时还不能体会，但随着经验的积累，我逐渐了解到这种能力是建筑设计基本素质。如果今后能在课程开始之初就明确教学训练的侧重点，学生们或许会比当时由于身处摸索阶段而感到迷茫的我们得到更好的练习效果。

大课题·武康路酒店公寓

2015.

大课题 = 武康路酒店公寓

● **教学目标**

通过功能相对简单的建筑设计课题，引导学生能完整地设计一座建筑，初步掌握设计研究方法，注重建筑与周围城市环境的关系；对体量、空间、功能、材料、构造、结构有综合的认识；并具备清晰表达效果图、模型、CAD平立剖面及构造图的能力。

● **设计任务书**

建筑类型：小型酒店公寓

基地位置：上海市武康路101号

建筑面积：约4000平方米

容积率：≤2.5

覆盖率：≤50%

建筑限高：≤24米

● **日程安排**

◎ 4月6日，调研点评，PPT汇报技巧简介；

讲座：历史沿革（王红军）。

◎ 4月9日，调研成果提交汇报；

讲座：酒店公寓功能概述（王彦）。

◎ 4月13日，城市空间与体量讲评；讲座：建构（王凯）。

◎ 4月16日，城市空间与体量讲评。

◎ 4月20日、23日，室内空间与功能结构讲评。

◎ 4月27日，建筑立面讲评。

◎ 4月30日，内部评图（提交内容要求包含A1尺寸沿街透视图、A1尺寸室内透视图、模型、平立面图）。

◎ 5月7日、11日，设计调整。

◎ 5月14日，专家中期评图（提交内容要求包含平立剖面图、1张A1尺寸沿街效果图、1张A1尺寸室内公共空间效果图）。

◎ 5月18日，调整设计，着手剖立面构造设计。

◎ 5月21日、25日，剖立面构造设计评图。

◎ 5月28日，各图纸定排版。

◎ 6月1日、4日、8日、11日、15日，图纸模型制作。

◎ 6月18日，最终评图（两周展览）。

● **最终成果要求**

◎ 1:500 总平面图

◎ 1:200 各平、立、剖面

◎ 1:20 剖立面构造图

◎ 1:50 建筑模型

◎ 沿街合成效果图，A0尺寸

◎ 表达空间序列的室内效果图3张，其中至少一张为A0尺寸

何侃轩
HE Kanxuan

斯图加特大学研究生在读

▲ 沿街透视

　　可以说，二年级下的课程训练对我后来的学术选择有很大的影响。几位王老师将 ETH 的教学体系作了本土化的尝试，让当时的我对诸如氛围、图像、建筑的物本性等概念建立了初步的认识，也对德语区的建筑学产生了兴趣。后来去慕尼黑大学交流，我更加深刻地体会到德语区的这一脉"类比建筑学"是如何在欧洲城市的语境下建立起来的。在这样复杂的历史文脉下，图像作为一种最简单直接的方式，用以检验建筑是否合适于场地，传达了很多画框外的不可言说之物。当然这种方式是否能够一五一十地适用于中国本土语境，还是要打个问号。武康路位于前法租界区，具有某种"欧洲性"，其实在更大的范围内看并不典型。也许后来的课程选择工人新村作为基地也有这方面的考虑。但从我个人角度来看，在接触建筑设计的初期，将建筑作为物去理解，用图像的方法去检验，这种训练无疑是大有裨益的。相较于设计方法，这种意识本身或许更具有普适意义。

▼ 室内渲染

▼ 墙身剖立面大样图

■ 屋顶构造
砼石	40mm
隔水层	7mm
高分子卷材	8mm
保温层	120mm
砂浆层找坡（最薄）	30mm
混凝土板	300mm

■ 墙身构造
花岗岩石板	50mm
空腔	30mm
轻钢龙骨	60mm
保温层	60mm
加气混凝土砌块	200mm
抹灰	15mm

■ 三至五层楼板构造
复合木地板	24mm
砂浆层找平	60mm
防潮层	5mm
保温层	60mm
混凝土板	150mm
空腔	430mm
轻钢龙骨	30mm
石膏板吊顶	20mm
抹灰	10mm

■ 一层挑檐构造
保护层	5mm
砼石	40mm
防潮层	5mm
保温层	60mm
砂浆层找坡（最薄）	30mm
混凝土板	150mm
保温层	60mm
空腔	430mm
轻钢龙骨	30mm
空腔	20mm
铝板	6mm

■ 一层楼板构造
大理石石板	30mm
粘结层	5mm
砂浆层找平	60mm
防潮层	5mm
保温层	60mm
混凝土板	300mm
抹灰	10mm

■ 地下室墙体构造
半砖保护层	120mm
保温层	60mm
防水层	5mm
钢筋混凝土	200mm
抹灰	10mm

▼ 模型

▼ 总平面图

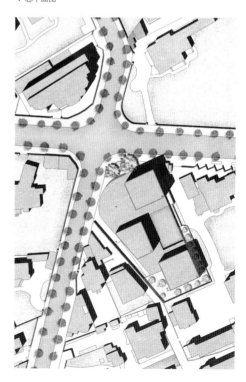

▼ 一层平面图

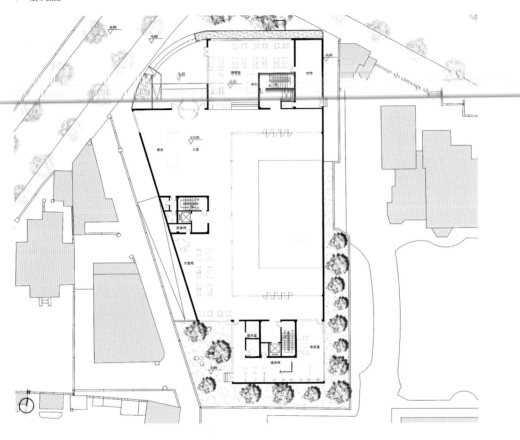

▼ 立面图

▼ 二、三层平面图

▼ 顶层平面图

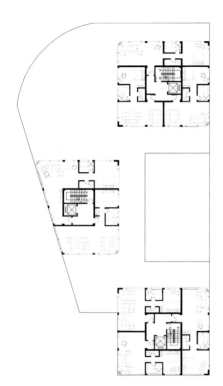

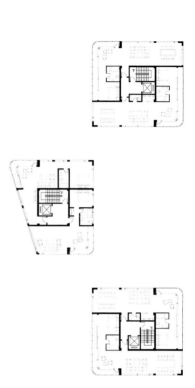

▼ 剖面图

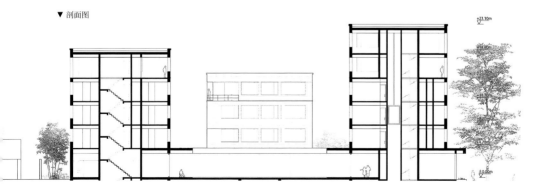

花炜
HUA Wei

华东建筑设计研究院有限公司，建筑师

▲ 沿街透视

　　"通过渲染来反推设计"应该是大二下设计课上听到次数最多的话了，直到毕业迈入职业生涯才开始有些许理解。刚进实验班就面对一整个以渲染为主的学期，自己力求真实，集中在对材质参数以及渲染质感的极致追求上，似乎渲染的真实等价于好的设计，但其实对设计实质上的帮助反而有限。读研期间参与落地项目，当身处渲染图所在的建成空间时，我才切身体会到渲染是服务于设计的工具或媒介。当真正看到材质对于空间体验的影响，我才明白一个材质渲染参数设置光滑或粗糙、通透或模糊、均质或自由对于设计的作用。空间的体验对于每个人来说都是公平的、直接的，渲染为我们与不同背景的人交流搭建了平台。现在看来，当时对于材质的积累掌握还很粗浅，并不能将材质的差别与空间想象同步。一学期的设计课更像是给未来的建筑师们打通了一条经脉，至于功力如何还需未来不断修炼。

▼ 室内渲染

▼ 墙身剖立面大样图

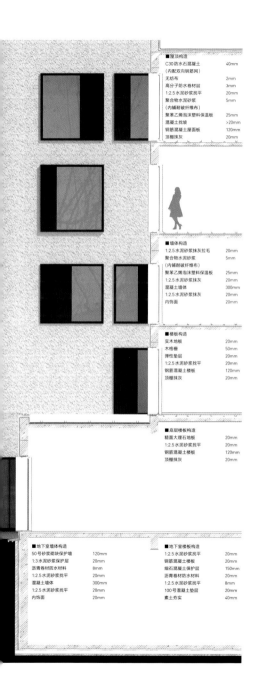

■屋顶构造
C30防水石混凝土　　　　40mm
（内配双向钢筋网）
无纺布　　　　　　　　　　2mm
高分子防水卷材层　　　　　3mm
1:2.5水泥砂浆找平　　　　20mm
聚合物水泥砂浆　　　　　　5mm
（内铺耐破纤维布）
聚苯乙烯泡沫塑料保温板　　25mm
混凝土找坡　　　　　　　　>20mm
钢筋混凝土屋面板　　　　　120mm
顶棚抹灰　　　　　　　　　20mm

■墙体构造
1:2.5水泥砂浆抹灰拉毛　　20mm
聚合物水泥砂浆　　　　　　5mm
（内铺耐破纤维布）
聚苯乙烯泡沫塑料保温板　　25mm
1:2.5水泥砂浆抹灰　　　　20mm
混凝土墙体　　　　　　　　300mm
1:2.5水泥砂浆抹灰　　　　20mm
内饰面　　　　　　　　　　20mm

■楼板构造
实木地板　　　　　　　　　20mm
木格栅　　　　　　　　　　50mm
弹性垫层　　　　　　　　　20mm
1:2.5水泥砂浆找平　　　　20mm
钢筋混凝土楼板　　　　　　120mm
顶棚抹灰　　　　　　　　　20mm

■底层楼板构造
糙面大理石地板　　　　　　20mm
1:2.5水泥砂浆找平　　　　20mm
钢筋混凝土楼板　　　　　　120mm
顶棚抹灰　　　　　　　　　20mm

■地下室墙体构造
50号砂浆砌块保护墙　　　　120mm
1:3水泥砂浆保护层　　　　20mm
沥青卷材防水材料　　　　　8mm
1:2.5水泥砂浆找平　　　　20mm
混凝土墙体　　　　　　　　300mm
1:2.5水泥砂浆找平　　　　20mm
内饰面　　　　　　　　　　20mm

■地下室楼板构造
1:2.5水泥砂浆找平　　　　20mm
钢筋混凝土楼板　　　　　　20mm
细石混凝土保护层　　　　　150mm
沥青卷材防水材料　　　　　20mm
1:2.5水泥砂浆找平　　　　8mm
100号混凝土垫层　　　　　20mm
素土夯实　　　　　　　　　40mm

▼ 模型

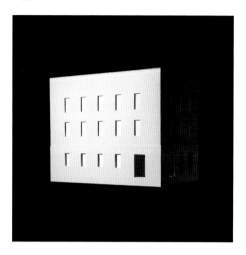

▼ 总平面图

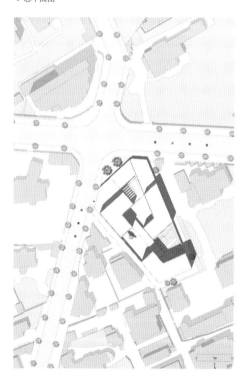

▼ 底层平面图   ▼ 二至四层平面图

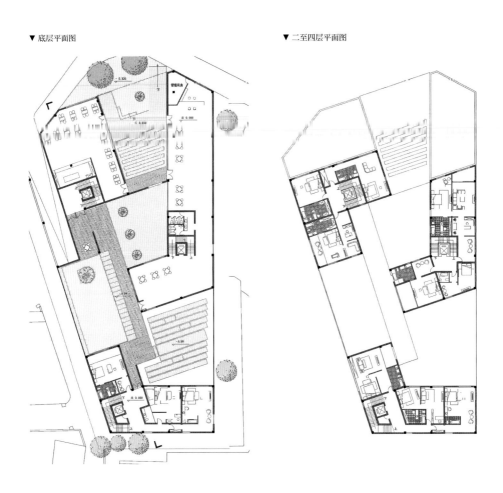

▼ 正立面图   ▼ 右立面图

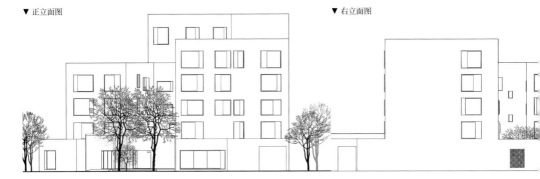

▼ 五层平面图

▼ 六层平面图

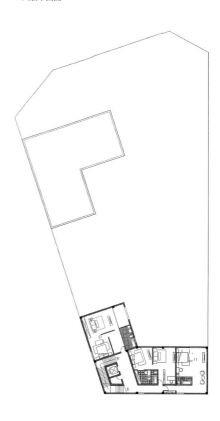

▼ 剖面图

黄舒弈
HUANG Shuyi

同济大学在读研究生

▲ 沿街透视

这门课程培养了我对于建筑氛围的捕捉能力，而且这种能力还在逐渐增强中。对于当时酒店公寓方案的讨论过程，印象最深的是关于平面的几次推敲，涉及入口门厅柱网的布置、卫生间的布局和电梯间的朝向。现在回想起来，其中所涉及的空间的几何性、韵律感、对称与非对称等议题，至今对我依然有很大的影响。另外，课程中的渲染训练加强了我对空间品质的想象能力，尤其敏感于材质的肌理、色调、组合和层次。前一段时间旁听了新一届实验班课程中程博的讲座，结合最近在做的设计，以及阅读和考察建筑的体验，发现自己依然着迷于空间的形式推敲及其暗含的惊喜之处。

▼ 室内渲染

▼ 墙身剖立面大样图

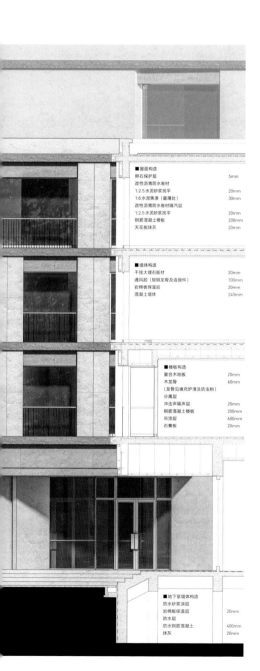

■屋面构造
卵石保护层　　　　　　　　　　　　　5mm
改性沥青防水卷材
1:2.5水泥砂浆找平　　　　　　　　　20mm
1:6水泥焦渣（最薄处）　　　　　　　30mm
改性沥青防水卷材隔汽层
1:2.5水泥砂浆找平　　　　　　　　　20mm
钢筋混凝土楼板　　　　　　　　　　200mm
天花板抹灰　　　　　　　　　　　　　20mm

■墙体构造
干挂大理石板材　　　　　　　　　　　20mm
通风腔（轻钢龙骨及连接件）　　　　100mm
岩棉板保温层　　　　　　　　　　　　20mm
混凝土墙体　　　　　　　　　　　　240mm

■楼板构造
复合木地板　　　　　　　　　　　　　20mm
木龙骨　　　　　　　　　　　　　　　60mm
（龙骨间填充炉渣及防虫粉）
分离层
冲击声隔声层　　　　　　　　　　　　20mm
钢筋混凝土楼板　　　　　　　　　　200mm
吊顶层　　　　　　　　　　　　　　600mm
石膏板　　　　　　　　　　　　　　　20mm

■地下室墙体构造
防水砂浆涂层
岩棉板保温层　　　　　　　　　　　　20mm
防水层
防水钢筋混凝土　　　　　　　　　　400mm
抹灰　　　　　　　　　　　　　　　　20mm

▼ 模型

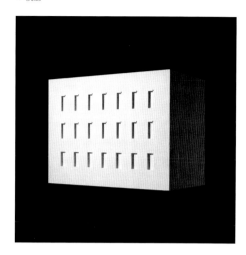

▼ 总平面图

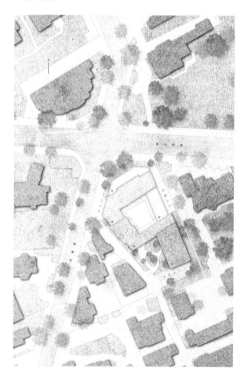

▼ 首层平面图

▼ 二层平面图

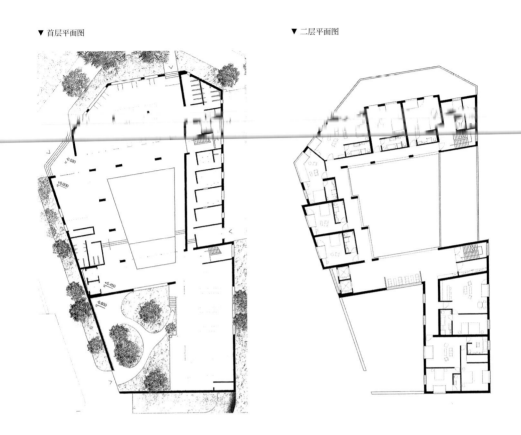

▼ 立面图

▼ 剖面图

▼ 五层平面图

▼ 顶层平面图

▼ 沿街立面图

王劲扬
WANG Jinyang

▲ 沿街透视

　　酒店公寓课题是对建筑立面与空间的训练。武康路有别于典型的上海城市空间，它具有宜人的街道尺度和丰富的历史印记。在这样特殊的场地条件下，课题引导我们进行更深入的对于建筑语言和材料的思考，探索建筑与场地之间的联系。通过一系列从简单到复杂的训练，最终形成了完整的酒店公寓设计，帮助建筑学刚入门的学生建立起一套属于自己的工作流程。同时，课题也让学生反思在复杂的城市空间中建筑设计者应当具备的态度和责任，在逻辑自洽的同时需要考虑设计对于外部街道尺度感的影响。

▼ 室内渲染

▼ 墙身剖立面大样图

■屋顶构造
卵石保护层　　　　　　　　　　20mm
聚酯纤维无纺布隔离层　　　　　　10mm
防水层　　　　　　　　　　　　　10mm
聚苯乙烯硬泡沫塑料板　　　　　　100mm
1:2.5水泥砂浆找平层　　　　　　20mm
钢筋混凝土楼板　　　　　　　　　150mm
轻钢龙骨　　　　　　　　　　　　450mm
石膏板吊顶　　　　　　　　　　　20mm
涂料　　　　　　　　　　　　　　3mm

■一至四层墙体构造
砂岩石板　　　　　　　　　　　　30mm
通风腔　　　　　　　　　　　　　80mm
轻钢龙骨　　　　　　　　　　　　70mm
防水层　　　　　　　　　　　　　3mm
岩棉保温层　　　　　　　　　　　50mm
混凝土填充墙　　　　　　　　　　250mm
抹灰　　　　　　　　　　　　　　10mm
涂料　　　　　　　　　　　　　　3mm

■二至四层楼板构造
实木拼花地板　　　　　　　　　　20mm
毛板　　　　　　　　　　　　　　20mm
木格栅龙骨　　　　　　　　　　　50mm
弹性垫层　　　　　　　　　　　　10mm
防潮层　　　　　　　　　　　　　30mm
钢筋混凝土楼板　　　　　　　　　150mm
轻钢龙骨　　　　　　　　　　　　400mm
石膏板吊顶　　　　　　　　　　　20mm
涂料　　　　　　　　　　　　　　3mm

■一层楼板构造
黄色大理石地砖　　　　　　　　　30mm
1:2.5水泥砂浆找平层　　　　　　30mm
冲击隔声层　　　　　　　　　　　30mm
钢筋混凝土楼板　　　　　　　　　150mm
防潮层　　　　　　　　　　　　　10mm
抹灰　　　　　　　　　　　　　　10mm
涂料　　　　　　　　　　　　　　3mm

■地面构造（室外）
灰色铺地石　　　　　　　　　　　70mm
1:4干硬性水泥砂浆找平层　　　　60mm
混凝土垫层　　　　　　　　　　　110mm
素土夯实

■地下层楼板构造
半砖保护墙　　120mm　　防潮层　　25mm
钢筋混凝土　　250mm　　抹灰　　　10mm

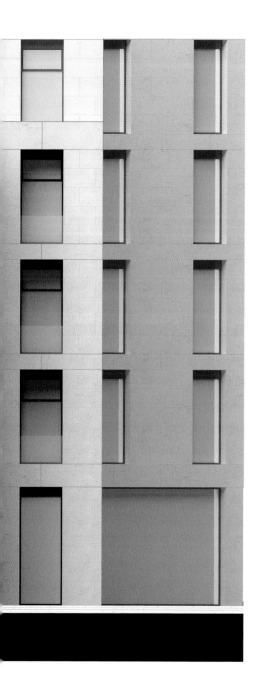

▼ 模型

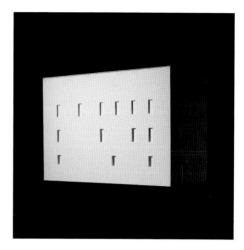

▼ 总平面图

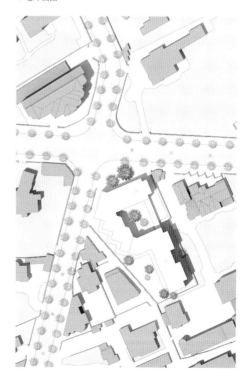

▼ 底层平面图   ▼ 地下一层平面图

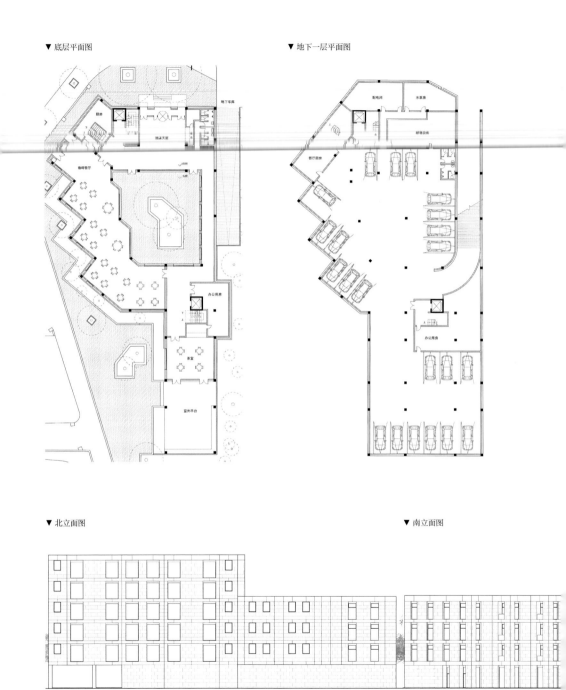

▼ 北立面图   ▼ 南立面图

▼ 二至四层平面图

▼ 五至六层平面图

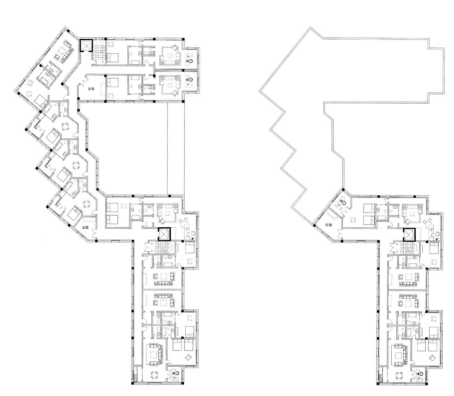

▼ 剖面图

王兆一

WANG Zhaoyi

新南威尔士大学建筑学硕士在读 / 将入职天华建筑设计公司

▲ 沿街透视

课程第一部分是通过体量、开洞等元素的比例来表达某种氛围。这个题目省略了材料和人的活动的影响，所以很适合刚接触建筑学的学生们学习比例方面的知识。但现在我认为在没有限定环境的情况下，开洞方式远比体量更能影响氛围。所以继续简化题目——比如在给定的体量上操作——也许反而能让学生更自由、不拘泥于"优雅""内敛"等有同质化嫌疑的词语，进行更多样化的探索。

▼ 室内渲染

▼ 墙身剖立面大样图

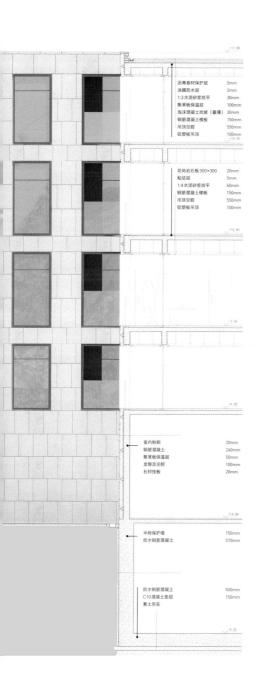

沥青卷材保护层	5mm
涂膜防水层	2mm
1:3水泥砂浆找平	30mm
聚苯板保温层	100mm
泡沫混凝土找坡（最薄）	30mm
钢筋混凝土楼板	150mm
吊顶空腔	550mm
铝塑板吊顶	100mm

花岗岩石板300×300	20mm
粘结层	5mm
1:4水泥砂浆找平	60mm
钢筋混凝土楼板	150mm
吊顶空腔	550mm
铝塑板吊顶	100mm

室内粉刷	20mm
钢筋混凝土	240mm
聚苯板保温层	50mm
龙骨及空腔	100mm
石材挂板	20mm

| 半砖保护墙 | 150mm |
| 防水钢筋混凝土 | 570mm |

防水钢筋混凝土	500mm
C10混凝土垫层	150mm
素土夯实	

▼ 模型

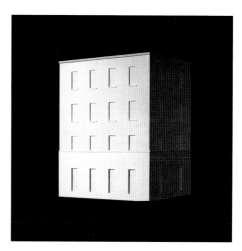

▼ 总平面图

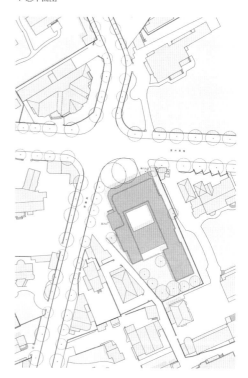

▼ 一层平面图

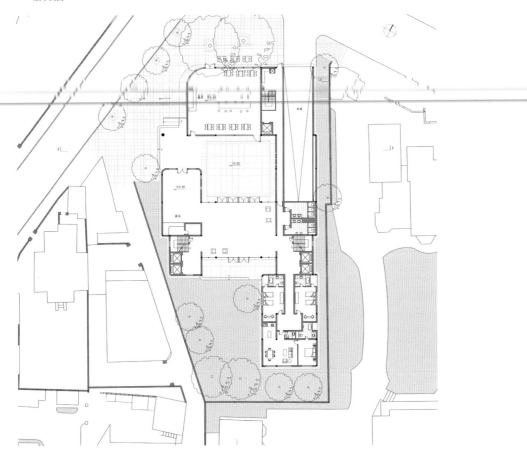

▼ 剖面图

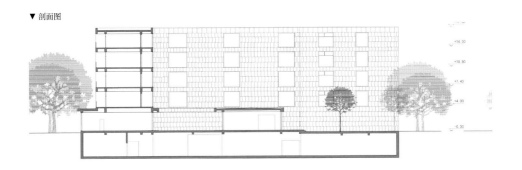

▼ 标准层平面图

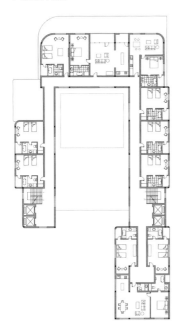

▼ 地下层平面图

▼ 东立面图

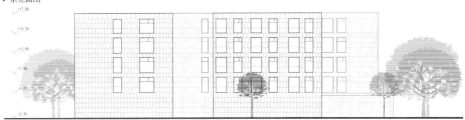

▼ 剖面图

▼ 北立面图

高雨辰

GAO Yuchen

耶鲁大学建筑学硕士

大二下学期开始于手工建造不同的方盒子，眼睛对于开窗、比例、体量的观察变得更加敏锐。~~什么~~……这座更具有拼贴感的环境中，这种微妙的比例训练对大二的学生来说还是较难真正理解。不过这个与以往完全不同的设计课作业完全打开了我的好奇心。

从前期体量探索到后期设计，主要通过渲染图来推进和深化。当时还没有太多同学开始用渲染软件，我提前掌握相关技能且后续通过设计课有所强化，使得之后的渲染都非常得心应手。事实上，后期老师会很注重通过渲染图来设计营造建筑的氛围，不仅仅是材质上的思考，还有细节上的考虑，比如墙的裙边、大理石的接缝、砖砌的方向等。对于大二的学生来说，太多问题都是我之前完全没有想过的，甚至不觉得是我应该去思考的问题。但正是这个设计课对于这些问题的强调，让我开始理解建筑其实是一种非常日常性的存在，以及建筑师如何从日常中创造诗意的建筑。

陆奕宁

LU Yining

SOM/Intermediate Designer

这学期之前的设计课内容是社区工作室和方塔园博物馆。对于刚刚学习如何处理场地、功能、空间的学生而言，这个学期的设计课程是全新的。对于当时的我来说，"氛围"十分抽象，对于"材料"又毫无知识储备。即使进行了专项训练以及案例学习，短时间内将这些信息转换到设计仍然是一种挑战，同时我们还有部分精力分散在了停车和容积率上。个人感觉上一届的场地选择在尺度上更适合这个课题。不过正因如此，这个学期学到了很多，并在之后的课程中，如小菜场的剖透视、社区图书馆的渲染，以及实验班结束时的室内设计课程中，这学期的所学都得到了运用。后来在申请和攻读研究生的时候，我发现美国的教学体系和设计理念关注点与这类课程有所不同，反而是在我工作申请和实践中更得益于这个学期所学到的知识。

朱玉

ZHU Yu

目前离职，之前工作于成都

……实验~~以前的设计课程从来挑战大~~出于测~~力图~~，基本功训练方面我学会如何用建筑学语言（比例、材质、细部构造等）去塑造一个具体的空间，从而帮助我在之后更复杂的设计项目中很容易深入，把设计的逻辑深化到每一个细节，而不仅仅停留在大关系和平面铺排上。此外也认识到渲染图不仅是一种意向表达，而是真实的空间呈现。对空间的感性认知方面我感受到空间的精神力量，设计师可以通过物质性的设计手法来塑造"氛围"，这是建筑设计非常吸引人的地方。在之后的设计中，我会本能地先去体验场地，感受声音、阳光或是迎面吹来的风，基于场地的"气质"再来做设计，设计的结果就会很适合场地。后来读研去欧洲交流，我对于线脚、比例等有了更多理解。武康路的品质离我的真实生活很远，设计过程中我总把各种看似有品质的做法混在一起，但是不知道为什么就是不协调。老师说这样不好，自己也常常感觉不到，还挺痛苦的。审美的培养还是需要真实体验的积累。

熊晏婷

XIONG Yanting

柏林某建筑事务所打工

我们生活在影像风暴的环境里。那些最强大的媒体把世界变成影像，再通过镜子般的幻觉效果把世界变成多重世界。每个影像若要获得形式和意义，若要引起注意和成为其他可能的意义之来源，就必须具有内在必然性，可这类影像却把这种内在必然性剥夺了。这类视觉影像的尘雾，都是过眼云烟，像梦一样，不在记忆中留下痕迹，却留下挥之不去的异化感和不安感。

——《新千年文学备忘录》，卡尔维诺

我们处在这样一个时代，以视觉语言为主导的网站（过去：archdaily、谷德设计等；现在：各类微信公众号）

是低年级学习建筑的"标准"参考。久而久之，建筑浮于表面成为图像学科，一切都为最终"好看"的分析图和效果图服务，却忽略了基本的空间尺度、体验、氛围。二年级训练的基本目的，就是通过各种小练习让同学从童年记忆、文学、电影、城市环境中回忆起大脑中已有的空间，并将它们转化到自己的设计中。虽然中间由于软件原因困难重重，但最后还是学会了从人尺度出发想象一个空间并通过渲染图（或者模型）表达出来，直到今天依然觉得收益良多。可惜的是偏主观的文学性形容词在阻碍概念的传达。"优雅""平和""内敛"等概念，很难用建筑学的技术语言精确地定义出来，容易导致歧义并落入精英主义的意识形态（一个有氛围的建筑一定是一个"贵"的建筑，是吗？）。

田园
TIAN Yuan
华东建筑设计研究总院建筑师

课程的最大收获是锻炼了我对细节的感知能力，让我意识到自己在这方面很欠缺，并努力在之后的学习中不断改进。当时有一件事让我印象很深刻：酒店公共空间渲染推敲时，某次修改不小心把天花板向上移动了60毫米，自己完全没有意识到，小组评图时被老师一眼发现："层高是不是增加了？"在练习一中，我可以比较清晰地感知形体、比例、尺度、光线、阴影等细微的变化；而在练习二和大课题中，许多设计具体因素的加入就让我觉得难以控制。直到现在，我一直努力训练自己对细微差异的感觉和把握，反复推敲自己的设计方案，并在建筑作品的现场仔细观察体验。我经常回想当年设计课上老师们的评语，思考"表情""温度""触感"等一些当时不太理解的表述。课程这种对于设计能力的训练让我非常受益。

另一个收获是对图面表达与真实场景之间关联的理解。现在回想，当时的我潜意识里有一种错误的认识，认为渲染技术的提高可以在某种程度上"提升"空间的品质。其实技术只是一种表达的手段，与其花多时间研究改善图面的神奇技法，不如去观察某个具体空间在不同时间的光线与氛围变化，某个具体材料在实际环境中的颜色、光泽与质感，在脑海中形成自己想要的效果，再通过相应的技术操作将其表现出来，并且尽可能接近真实的情况。真实空间的品质才是最重要的，我认为这对我今后继续从事建筑设计工作有很大的意义。

陈路平
CHEN Luping
浙江省城乡规划设计研究院，设计师

回顾大二下的设计课，可以说是为此后实验班系列设计课程的学习，甚至是个人学习工作习惯的建立打下了很好的基础。在课程中我掌握了一套比较系统的设计流程，从场地分析、场地感受、提出设计关键词、体量模型推敲，到布置平面与结构、反复磨合深化方案。当时我第一次接触节点详图的绘制，树立了空间设计与结构和构造匹配的观念，而细节意识在之后已成为一种习惯，潜移默化地融汇到自己工作学习的过程中。此外，我也开始关注室内外关系、各类配景，以及色彩、材质、肌理等方面的细微差别对整体氛围和感受的影响，不断训练对空间知觉的触手。

贾姗姗
JIA Shanshan
西北农林科技大学城乡规划系，专任教师

从来没有一个课程能喊出如此强有力的"口号"，以至多年后成为了同学们确认彼此是盟友的暗语："稳定而有张力！"一个"稳定而有张力"的盒子，启发了往后的所有训练，技术的、概念的、方法的……有始于主观的空间渲染——我们自己琢磨要营造什么样的氛围，也有基于客观的酒店公寓推演——基地调研、空间观察、案例学习、功能推导、体块琢磨。稳定是逻辑，张力是性格，最终的设计考验的是大家对这种微妙的平衡到底拿捏得如何。

大课题 · 曹杨新村社区综合服务中心

2016.

大课题 ＝ 曹杨新村社区综合服务中心

● 教学目标

通过功能相对简单的建筑设计课题，引导学生完整地设计一座建筑，初步掌握设计研究方法，注重建筑与周边城市环境的关系，对体量、空间、功能、材料、构造、结构有综合的认识并具备清晰表达效果图、模型、CAD 平立剖面图及构造图的能力。

● 设计任务书

建筑类型：社区行政服务中心

基地位置：上海市曹杨新村棠浦路51号

退界要求：沿棠浦路退界2米，沿南侧边界退界3米，基地东北角一组乔木需要保留

建筑面积：约2000平方米

建筑密度：≤60%

覆盖率：≤50%

建筑限高：≤24米

■ 功能及净高要求

□ 大厅

综合服务门厅及社区服务大厅（可兼顾社区文化展览）：

1间 / 180平方米，净高≥3.5米

综合办公：1间 / 50平方米

接待室：2间 / 20平方米

值班室（兼消防控制室）：1间 / 40平方米

□ 文体活动

多功能厅：1间 / 150平方米 / 无柱 / 净高≥3.5米

社区教室：2间 / 70平方米

社区文体室：2间 / 50平方米

□ 办公

办公室：10间 / 30平方米

主任办公室：2间 / 20平方米

会议室：1间 / 50平方米

储藏室：1间 / 30平方米

文印室：1间 / 15平方米

● 日程安排

◎ 4月7日，调研点评。

◎ 4月11日，讲座：曹杨新村历史沿革（王红军）。

◎ 4月14日，行政服务中心实地参观。

◎ 4月18日，城市空间与体量讲评。

◎ 4月21日，讲座：城市建筑空间（王彦）。

◎ 4月25日，室内空间及功能结构讲评。

◎ 4月28日，讲座：建筑结构设计的讲座（甘昊）。

◎ 4月30日，第一次全套设计图纸拼图（提交内容要求包含A1尺寸沿街透视、A1尺寸室内透视、总平面图、平立剖面图）。

◎ 5月5日，讲座：空间氛围（毕敬媛）。

◎ 5月9日，设计调整。

◎ 5月12日，专家中期评图（提交内容要求包含平立剖面图、1张A1尺寸沿街效果图、1张A1尺寸室内公共空间效果图）。

◎ 5月16日，调整设计，着手墙身构造设计。

◎ 5月19日，墙身构造设计评图。

◎ 5月23日，第三次全套设计图纸评图。

◎ 5月26日，各图纸定排版。

◎ 5月30日、6月2日、6日、9日、13日，图纸模型制作。

◎ 6月16日，最终评图（两周展览）。

● 最终成果要求

◎ 总平面图1:300

◎ 各平、立、剖面1:300—1:15

◎ 墙身构造渲染图1:30

◎ 节点构造大样图1:10

◎ 沿街合成渲染图 A0

◎ 表达公共空间室内渲染图，A0尺寸

◎ 建筑成果模型1:100

◎ 建筑结构模型1:100

◎ 节点构造模型1:10

邓希帆
DENG Xifan

博风建筑，建筑师

▲ 沿街透视

这是第一次从城市关系、体量、空间氛围、结构等专题训练开始，最后回归到社区中心设计的设计课题。回溯整个设计过程，体量、室内空间、结构这三个部分本身都与使用、空间效果和实际建造过程密切相关，都能成为设计出发的概念基点。在实际修改方案的过程中，虽希望达到"1+1+1>3"的效果，但统筹的过程更像是一个断舍离的过程；也因为这三个要素一环扣一环，密不可分，也许有些问题本来就是矛盾的，需要在某一个方面做一些退让和修改。因此首先明确和厘清最根本的设计问题，明确最想要的目标或设计概念是什么，在权衡利弊中尝试不同要素的组合，也许能创造出更有意思的空间。

▼ 室内渲染

▼ 墙身剖立面大样图

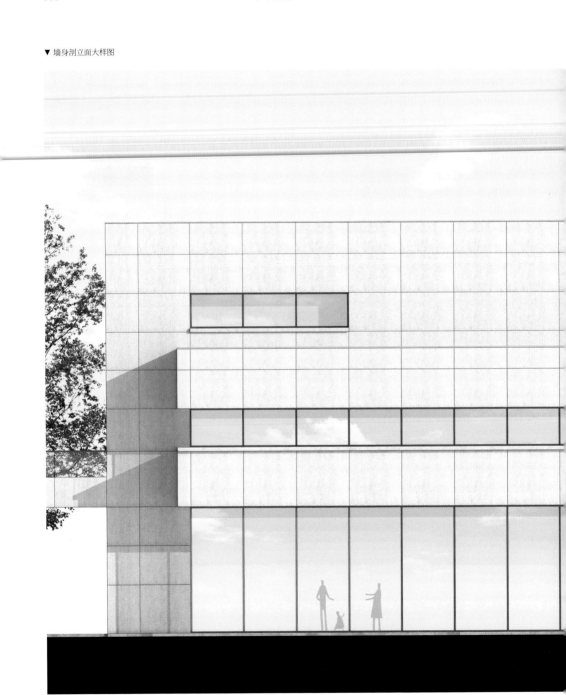

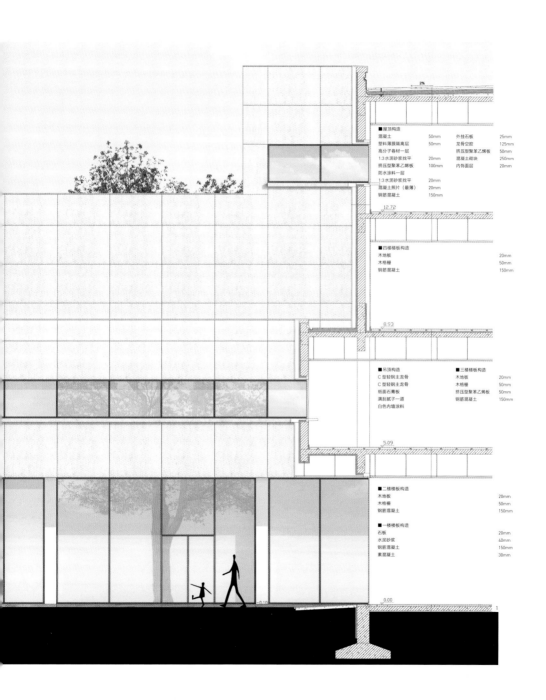

■屋顶构造
混凝土	50mm
塑料薄膜隔离层	50mm
高分子卷材一层	
1:3水泥砂浆找平	20mm
挤压型聚苯乙烯板	100mm
防水涂料一层	
1:3水泥砂浆找平	20mm
混凝土照片（最薄）	20mm
钢筋混凝土	150mm

外挂石板	25mm
龙骨空腔	125mm
挤压型聚苯乙烯板	50mm
混凝土砌块	250mm
内饰面层	20mm

12.72

■四楼楼板构造
木地板	20mm
木格栅	50mm
钢筋混凝土	150mm

8.93

■吊顶构造
C型轻钢主龙骨
C型轻钢主龙骨
纸面石膏板
满刮腻子一道
白色内墙涂料

■三楼楼板构造
木地板	20mm
木格栅	50mm
挤压型聚苯乙烯板	50mm
钢筋混凝土	150mm

5.09

■二楼楼板构造
木地板	20mm
木格栅	50mm
钢筋混凝土	150mm

■一楼楼板构造
石板	20mm
水泥砂浆	40mm
钢筋混凝土	150mm
素混凝土	30mm

0.10

0.00

▼ 总平面图

▼ 一层平面图

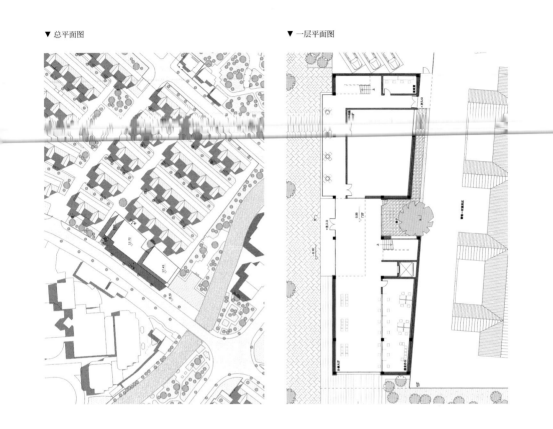

▼ A-A 剖面图

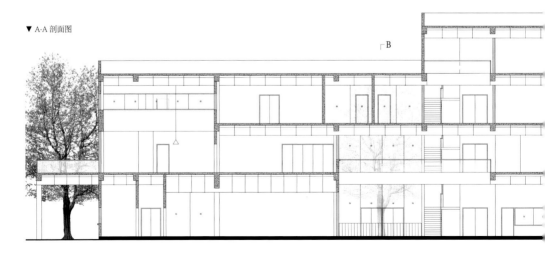

▼ 二层平面图　　　　　　　▼ 三层平面图　　　　　　　▼ 四层平面图

▼ B-B 剖面图

顾金怡
GU Jinyi

同济大学建筑设计研究院（集团）有限公司，建筑师

▲ 沿街透视

曹杨新村社区中心是我们在建筑专业学习中遇到的第一个长题。我们第一次从城市尺度讨论到构造尺度，对体量、功能、空间、材料、结构等多个方面进行了研究。这个能落地、系统而完整的设计，帮助当时十分懵懂的我建立了围绕设计目的进行多层次思考的设计习惯。在整个过程中，我对于老师提出的"稳定而有张力""氛围""建构"等词汇的理解和探索多少是带有直觉性的。但其在日后的专业学习中，这些词语不断被重读，带给我的启发是持续性的。

▼ 室内渲染

▼ 墙身剖立面大样图

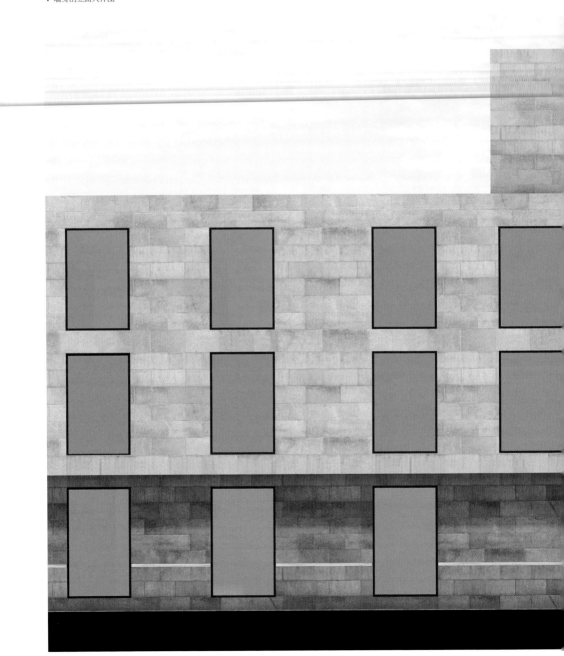

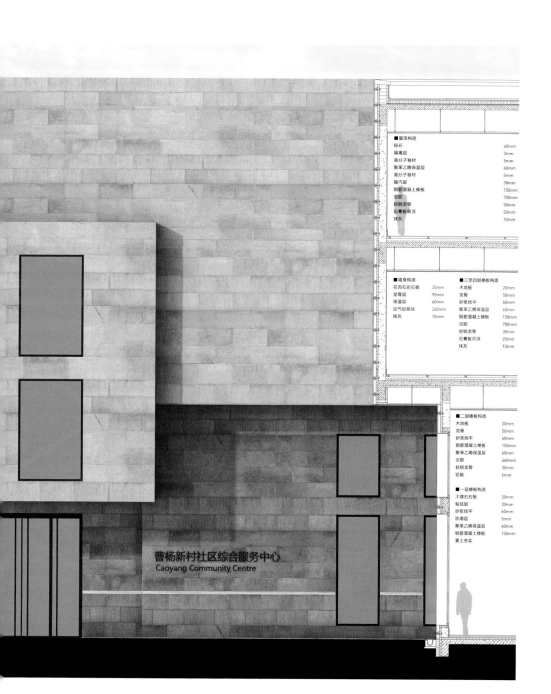

■屋顶构造
砾石 40mm
隔离层 3mm
高分子卷材 5mm
聚苯乙烯保温层 60mm
高分子卷材 5mm
隔汽层 30mm
钢筋混凝土楼板 150mm
空腔 700mm
轻钢龙骨 30mm
石膏板吊顶 20mm
抹灰 10mm

■墙身构造
花岗石岩石板 25mm
龙骨层 90mm
保温层 60mm
加气轻砌块 240mm
抹灰 15mm

■三至四层楼板构造
木地板 20mm
龙骨 50mm
砂浆找平 60mm
聚苯乙烯保温层 60mm
钢筋混凝土楼板 150mm
空腔 700mm
轻钢龙骨 30mm
石膏板吊顶 20mm
抹灰 10mm

■二层楼板构造
木地板 20mm
龙骨 50mm
砂浆找平 60mm
钢筋混凝土楼板 150mm
聚苯乙烯保温层 60mm
空腔 460mm
轻钢龙骨 30mm
铝板 6mm

■一层楼板构造
大理石板 20mm
粘结层 30mm
砂浆找平 60mm
防潮层 5mm
聚苯乙烯保温层 60mm
钢筋混凝土楼板 150mm
素土夯实

曹杨新村社区综合服务中心
Caoyang Community Centre

▼ 总平面图

▼ 一层平面图

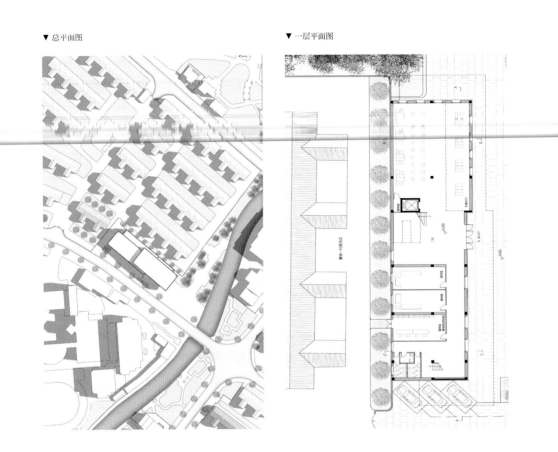

▼ A-A 剖面图

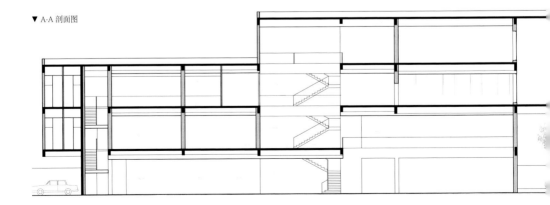

▼ 二层平面图　　　　　　　▼ 三层平面图　　　　　　　▼ 四层平面图

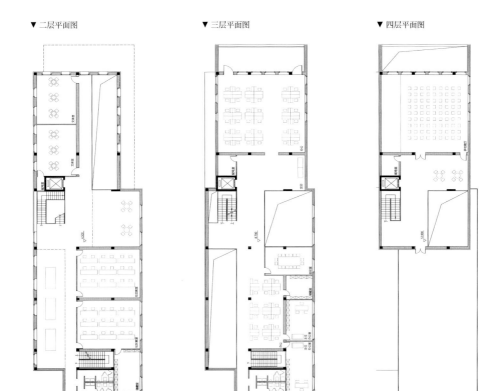

▼ B-B 剖面图

▼ C-C 剖面图

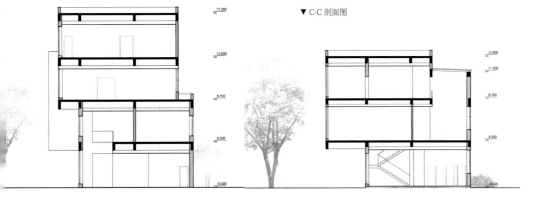

华心宁
HUA Xinning

就职于 Studio Link-Arc

▲ 沿街透视

　　现在已经研究生毕业了，再回顾大二下学期的课程设计我觉得是庆幸的。现在建筑学生热衷探讨的话题很宽，从城市到人文，从艺术到人工智能，似乎无法拓展建筑学边界的作品都不好意思摆上台面。在一片跨学科的声音里，如何守住建筑学的本质，或者说，如何让建筑本身仍然富有意义，是我在那个学期学到最重要的内容。通过模型、渲染来模拟真实的环境和体验，抛开一切附加的意义和价值，让建筑师站在使用者的视角切实地做出优雅而实用的空间。

▼ 室内渲染

▼ 墙身剖立面大样图

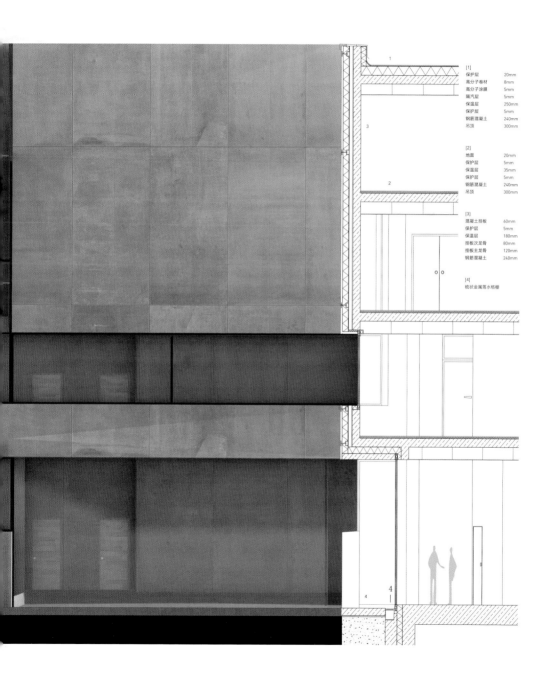

[1]
保护层　　　　20mm
高分子卷材　　8mm
高分子涂膜　　5mm
隔汽层　　　　5mm
保温层　　　　250mm
保护层　　　　5mm
钢筋混凝土　　240mm
吊顶　　　　　300mm

[2]
地面　　　　　20mm
保护层　　　　5mm
保温层　　　　35mm
保护层　　　　5mm
钢筋混凝土　　240mm
吊顶　　　　　300mm

[3]
混凝土挂板　　60mm
保护层　　　　5mm
保温层　　　　180mm
挂板次龙骨　　80mm
挂板主龙骨　　120mm
钢筋混凝土　　240mm

[4]
梳状金属落水格栅

▼ 总平面图

▼ 一层平面图

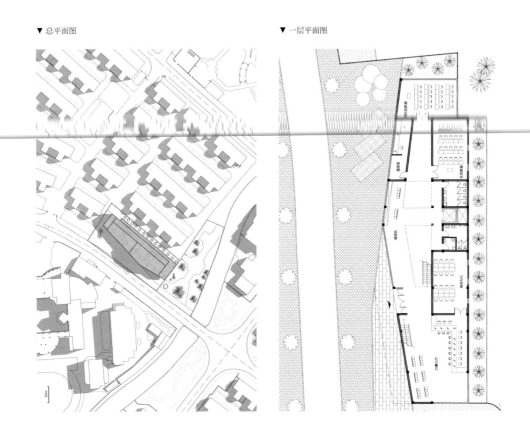

▼ A-A 剖面图

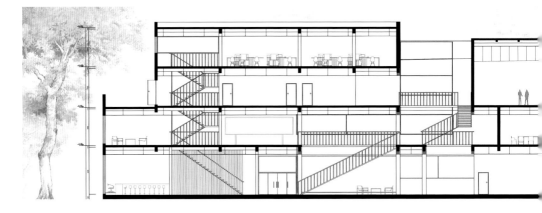

▼ 二层平面图　　　　　　　　▼ 三层平面图　　　　　　　　▼ 四层平面图

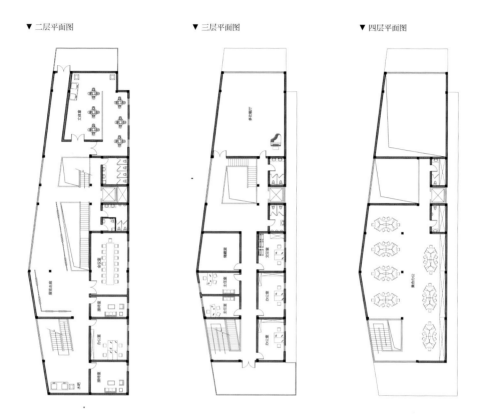

▼ B-B 剖面图

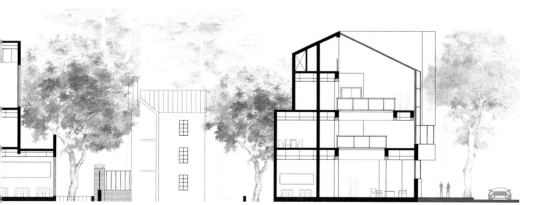

黄于青
HUANG Yuqing

就职于 GMP Architekten 上海

▲ 沿街透视

通过曹杨新村社区中心课程设计项目，我第一次尝试在方案设计阶段对于城市关系、体量、结构、建构等多方面进行统筹思考，回想起来是一次珍贵而难得的设计启蒙。我在这次课程设计中感触最深的不是对建筑单项片段式的深入研讨，而是如何协调各个单项之间的关系，了解到必要取舍时的原则和底线。另一点珍贵的体会是，建筑和建筑师对于形式美的追求不会停止也无可厚非，但是在设计方案的起始阶段很快陷入对美感的依赖是比较危险的，对于空间内外关系和建构体系的思考和追问则更有利于建筑的逻辑自洽。最后要感谢指导本次课程的三位老师和参与评图的老师们，他们的指导是我们设计过程中每一步深化探索的助推剂。

▼ 室内渲染

▼ 墙身剖立面大样图

■ 屋顶构造
保护层　　　　　　40mm
隔离层　　　　　　3mm
防水涂料　　　　　3mm
高分子防水卷材　　5mm
附加层　　　　　　5mm
保温层　　　　　　100mm
混凝土找坡找平层　220mm
（最薄）
压型钢板组合楼板　200mm

■ 墙体构造
混凝土挂板（加钙粉）　25mm
次龙骨　　　　　　90mm
主龙骨　　　　　　60mm
保温层　　　　　　240mm
砖墙　　　　　　　15mm
内饰面粉刷

■ 二层 & 外廊天花
石材铺地　　　　　　30mm
水泥砂浆粘结层　　　5mm
压型钢板组合楼板　　200mm
保温层　　　　　　　70mm
空腔　　　　　　　　800mm
钢架　　　　　　　　130mm
龙骨　　　　　　　　50mm
干挂混凝土板　　　　20mm

■ 外廊地面构造
石材铺地　　　　　　30mm
粘结层　　　　　　　30mm
钢筋混凝土结构层　　160mm
（最薄）
素土夯实

■ 室外地板构造
石材铺地　　　　　　30mm
粘结层　　　　　　　30mm
混凝土找坡找平层　　i=3%
素土夯实

▼ 总平面图

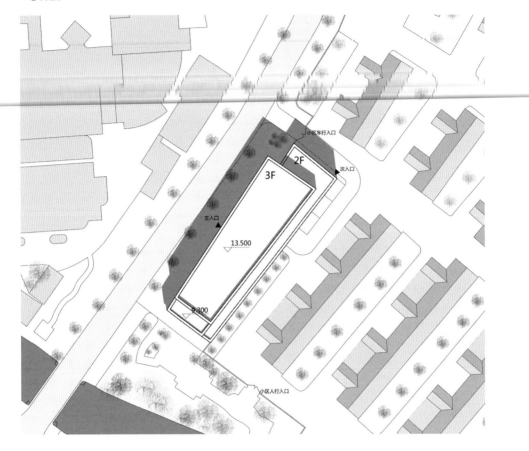

▼ 立面图   ▼ A-A 剖面图

▼ 一层平面图　　　　　　　　▼ 二层平面图　　　　　　　　▼ 三层平面图

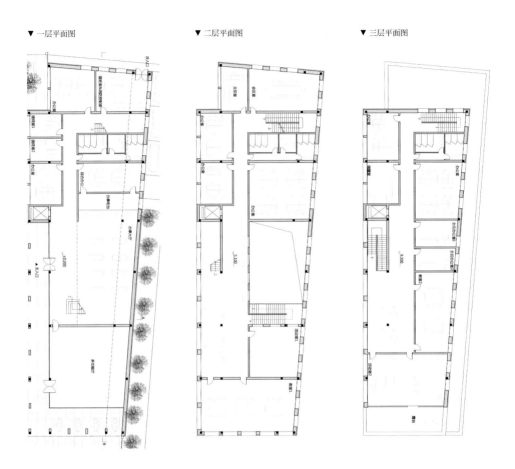

▼ B-B 剖面图

汪滢
WANG Ying

中国城市规划设计研究院，规划师

▲ 沿街透视

从实验班回到城乡规划专业已经快三年，如今回头看二年级的设计课程，感触颇深。二年级的课程着重训练了对建筑形体、空间、材料和氛围渲染的把握，老师们的指导非常细致。王红军老师对设计概念的探讨深度、甘昊老师对结构表达和空间氛围的执着、王彦老师对概念与实施相结合的讨论对我都有非常大的启发，使我对建筑的深化设计有了进一步的认知，也对我继续学习城市设计有所帮助。有一种说法认为，欧洲的设计师偏向从一个具体空间、具体建筑的设计，推导出一个城镇的设计与规划；中国的设计师偏向于自上而下、从宏观城市到建筑单体的设计过程。现在看来，从同济实验班到城乡规划的学习历程，是一种自下而上、由小到大的探索，希望在未来的学习工作中，我能将城乡规划与建筑的所学所思有机结合，积极探索上下结合、宏微兼顾的规划路径。

▼ 室内渲染

▼ 墙身剖立面大样图

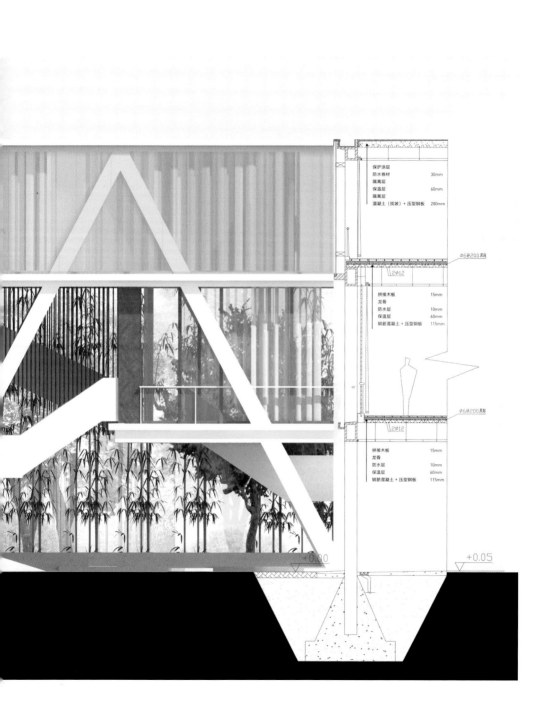

保护涂层
防水卷材
隔离层　　　　　　30mm
保温层　　　　　　60mm
隔离层
混凝土（找坡）＋压型钢板　200mm

Ø6@200双向

2Φ12

拼接木板　　　　　15mm
龙骨
防水层　　　　　　10mm
保温层　　　　　　60mm
钢筋混凝土＋压型钢板　115mm

Ø6@200双向

2Φ12

拼接木板　　　　　15mm
龙骨
防水层　　　　　　10mm
保温层　　　　　　60mm
钢筋混凝土＋压型钢板　115mm

+0.00

+0.05

▼ 总平面图

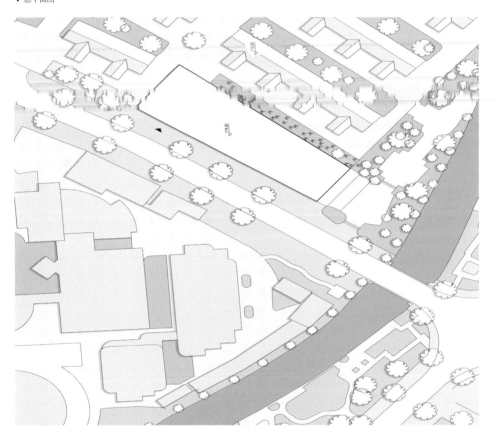

▼ 剖面图

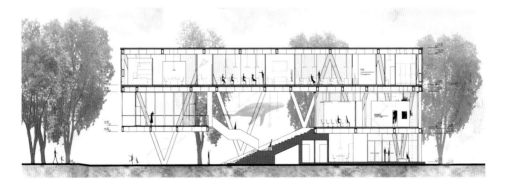

▼ 一层平面图

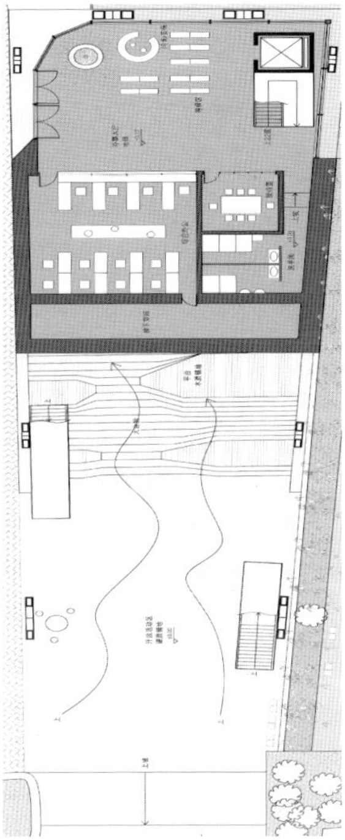

▼ 二层平面图

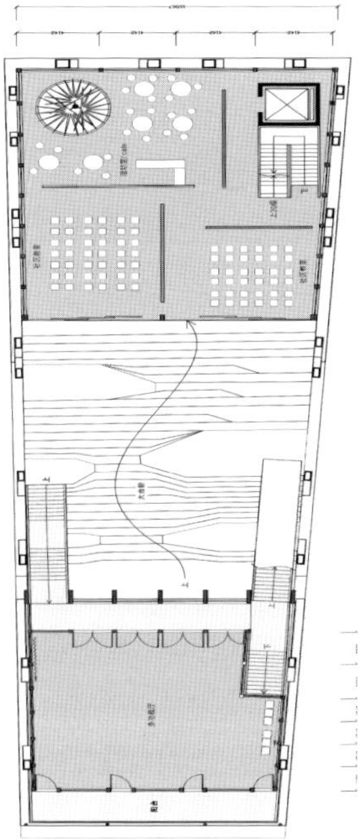

▼ 三层平面图

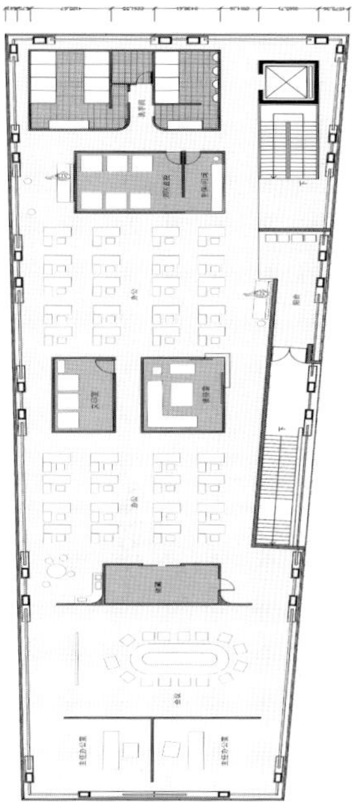

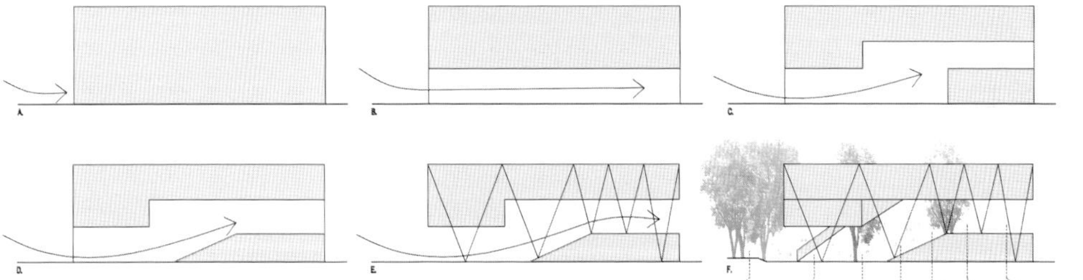

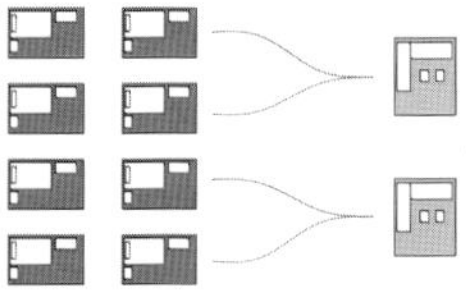

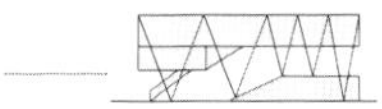

如同住宅的社区：
由于曹杨新村的户型面积极小，不能提供住宅的完整功能和服务。作为一个改善方案，希望社区能够补充住居的功能。在这里，单户住房理解为个体的卧室，公共厨房及卫浴理解为家庭共用的厨卫房。由此，社区中心理应成为社区的会客厅、起居室。所以，这里的社区中心不仅要提供有吸引力的公共空间，还要力求该空间能够24小时使用。

单户住房：
私密性最高的场所，如同个体的卧室。

公共厨房：
若干户公用，具有一定的公共性。

社区中心公共空间：
整个社区公用的场所，如同会客厅及起居室。

线性公共空间，与公园衔接。空间气氛不同，活动可以多元。不同的人群能够各得其所。在不同时间段，活动也有可能变化。白天作为展览的空间，晚上可以成为小型演出的观众秀。

叶子桐
YE Zitong

中国城市规划设计研究院，规划师

▲ 沿街透视

通过大二下学期的一系列训练，同时也是专业学习中的第一个长题，体量、场所、城市空间、主空间、尺度、材质、结构等一系列词语以及它们之间的关系开始出现在我的设计思考中。有两个最鲜明的记忆：一是王彦、甘昊、王红军三位老师给我们带来的关于建构的初步知识，提醒我们要将剖面墙身和立面渲染对应起来思考，要留心吊顶、窗帘盒、窗玻璃等构件前后高低层次关系。虽然用 VRay 贴图一个个调参数渲染的时代已

经过去了，但我的硬盘里至今还留着"甘昊材质与素材"的文件夹，还喜欢用里面德语命名的树的素材；另一个是终期评图时王方戟老师的建议，他说对于线型空间的叙事还要再思考，可以做得有趣而不显冗长，那时的我听得迷迷糊糊，而且一度陷入了塑造主空间的单帧图像中。后来我才发现自己对于"动势"有了意识，很感谢各位老师给我带来了重要的启蒙。

▼ 室内渲染

▼ 墙身剖立面大样图

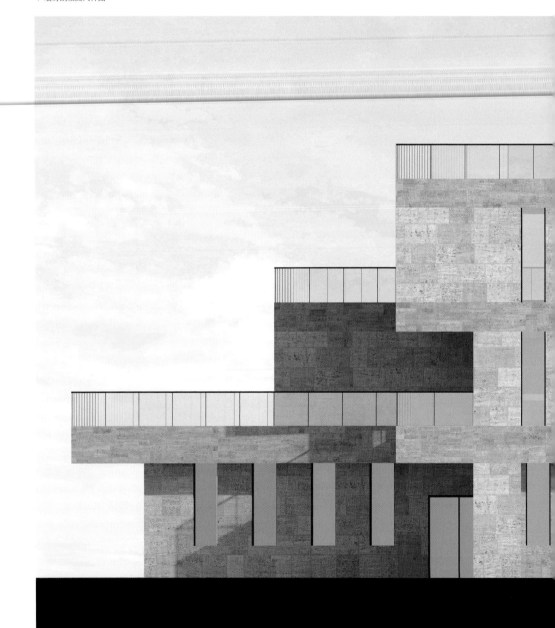

■屋顶构造
混凝土板   50mm
隔离层   50mm
防水层（两层）涂膜＋卷材
砂浆找平层
保温层   150mm

■墙身构造
石板   20mm
通风腔   70mm
保温层   60mm
钢筋混凝土   250mm
内饰面   20mm

■三至四层楼板构造
木地板   25mm
木格栅   50mm
防潮层   20mm
保温层   45mm
结构层（钢筋混凝土）   150mm

■二层楼板构造
面层   20mm
水泥砂浆   30mm
保温层   55mm
钢筋混凝土   150mm

■一层楼板构
造   20mm
面层   30mm
水泥砂浆   115mm
保温层   150mm
钢筋混凝土   30mm
素混凝土

▼ 总平面图

▼ 一层平面图

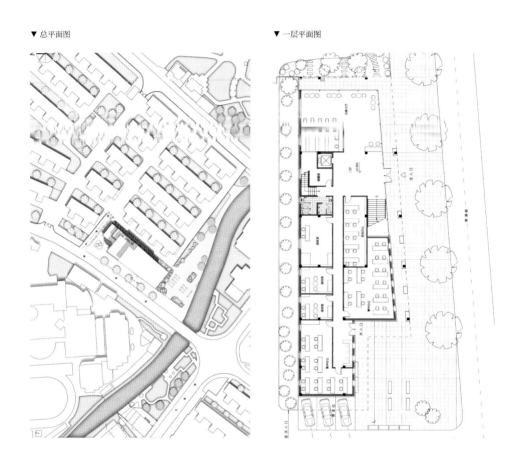

▼ 沿街剖面图

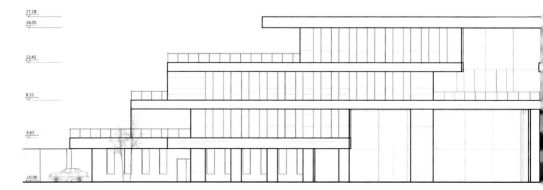

▼ 二层平面图　　　　　　　▼ 三层平面图　　　　　　　▼ 四层平面图

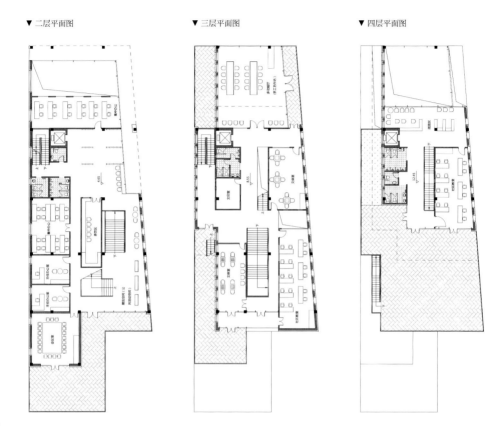

▼ 剖面图

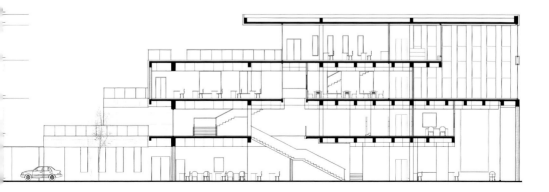

李墨君

LI Mojun

筑境设计，中级研究员

▲ 沿街透视

现在回想起来，对于建筑学我真正入门大概就是从实验班第一学期的设计课，可以说，经过那个学期后，自己看世界的方式都不太一样了。之前看世界，看的是赤橙黄绿青蓝紫、商场立面上的巨幅广告、马路对面的红绿灯；现在看世界，看的是尺度与比例、是否稳定而有张力、立面上砖的错缝和墙面抹灰的纹理、柱子在墙面凸起形成的光影、窗的分隔、铺砖的方向、踢脚的做法、树的姿态。这些深藏在表相之下的细节，才是最基本的；这些看似毫无关联甚至毫无存在感的基本问题却围绕着一个体系建立起联系。虽然现在已经研究生毕业了，但似乎还是不知道建筑到底是什么，不过还是感谢三位老师的指导，让我开始寻找并且渴望找到它的答案。

▼ 室内渲染

▼ 墙身剖立面大样图

■屋顶构造
40mm
隔离层　　　　　　　　　3mm
保温层　　　　　　　　　60mm
高分子防水卷材　　　　　3mm
水泥砂浆找平（最薄）　　20mm
钢筋混凝土楼板　　　　　150mm

■二至三层楼板构造
大理石石板　　　　　　　20mm
粘结层　　　　　　　　　5mm
砂浆层找平　　　　　　　60mm
混凝土板　　　　　　　　150mm
空腔　　　　　　　　　　635mm
轻钢龙骨　　　　　　　　120mm
石膏板吊顶　　　　　　　20mm
抹灰　　　　　　　　　　3mm

■一层楼板构造
大理石石板　　　　　　　20mm
粘结层　　　　　　　　　5mm
砂浆层找平　　　　　　　60mm
防潮层　　　　　　　　　5mm
保温层　　　　　　　　　60mm
钢筋混凝土楼板　　　　　150mm
素混凝土　　　　　　　　30mm

■墙身构造
水泥石子 水刷表面　　　10mm
水泥砂浆　　　　　　　　15mm
保温层　　　　　　　　　60mm
加气混凝土　　　　　　　200mm
抹灰　　　　　　　　　　15mm

▼ 总平面图

▼ 一层平面图

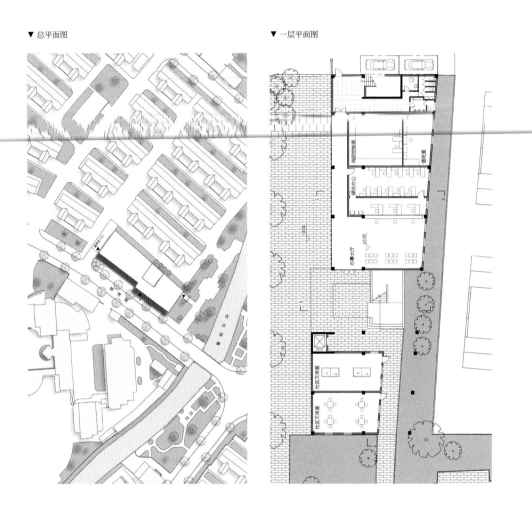

▼ A-A 剖面图

▼ 二层平面图

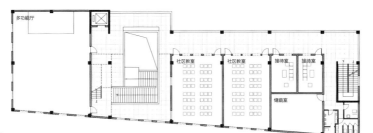

▼ 三层平面图

▼ 北立面图

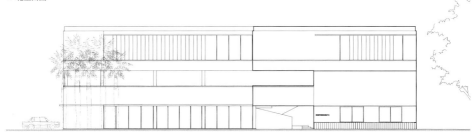

▼ B-B 剖面图 ▼ C-C 剖面图

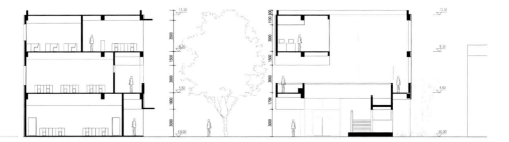

房玥
FANG Yue
华东建筑设计研究院有限公司，建筑师

横向对比来看，传统建筑设计课程的教学内容注重（以××的布局验图基础功，讲×课程××注重×体验和××的××）的×度对我们进行训练，教学内容比较新颖。我认为，对建筑师而言，基本功和"感觉"都非常重要，而国内院校或许出于对教学效率的考虑，对我们的训练往往停留在设计"正确不出错"的范畴。大二算是有一个不一样的学习体验，通过对主空间和沿街空间的"浅斟慢酌"式渲染，让我在设计方法上有了新的思路，同时也潜移默化受到一些审美上的影响。

王宣儒
WANG Xuanru
陆家嘴集团规建部，业务助理

设计课比较久远了，设计的细节已经记不太清，只记得课程主要聚焦在讨论建筑与周边环境的关系、用大比例的渲染图深化单个空间，以及用构造图讨论建构与形式的关系。总体上通过这学期的学习，我对城市与空间氛围的理解加深了，对构造问题有了初步了解。如果要谈有所遗憾的地方，可能这种偏静态的图像式设计办法有些容易让低年级的同学扎到单个空间塑造上，缺少动态检验建筑各空间互动关系的过程，对建筑的动态流线、空间转换、人的活动等问题关注得比较少。不过从掌握一种从城市出发的设计方法的角度来看，课程已经很好地完成了任务。

李云宏
LI Yunhong
华建集团上海现代建筑装饰环境设计研究院，设计师

这一次的设计课对我而言，不是在学习"招式"般的设计手法，更像是在老师们的帮助下修炼"内力"。从"稳定而有张力"的抽象概念到还原城市环境的具象模型，从体量、结构到室内、构造的层层深化，从推敲整体空间到对尺度、比例和材料的精准控制，课程用理性逻辑的推演

方法强调了感受和体验的结果。老师们则是在引导，触发我们自身对"氛围"的理解和创造。一开始领悟得慢，毕业后实地参观过巴塞罗那展览馆，看到密斯在檐下做的一道滴水线，才猛地明白这个学期的意义。通过积累"内力"，再去掌握"招式"，对于空间、功能等基本要素的（××××××××××××，从而××××××"氛围"是什么，但感谢老师们让我在设计中能看到更多细节，体会到更多的感受。

5

三人谈

Trialogue: "Urban Hotel"
Design Course

关于"城市宾馆设计"

王红军 / 王凯 / 王彦
WANG Hongjun, WANG Kai, WANG Yan

物质与感知

王红军：对我来说，这次设计课程教学是一次充实而有趣的过程，在教学方法上是一次全新的尝试。在课题开始之前，对于课题构思我们进行了多次讨论。教学对象是二年级下学期的学生，此次课程参照科尔霍夫教授在 ETH 的一些教学方法，试图针对特定问题进行一次有深度的基本练习。当然，这些选择与王彦的学习经历相关，但是与整个教学目的是对应的。

王彦：结合自己近年来在国内设计实践体会，回忆起我在科尔霍夫设计课程中的学习经历，深感他在课程中强调的针对建筑基本元素的训练对于建筑基础教育是非常重要的。我们的课程希望二年级学生能完成一个在具体城市环境中的小型建筑单体设计，能够理解掌握建筑设计中的基本元素：体量、比例、光影、空间、尺度、材质等。科尔霍夫的教学非常有特色，包括我在内的学生都深受影响。他经常将设计过程拆分步骤，每个步骤深入解决一个基本问题。经过主次分明的设计阶段，学生可以有效地达到一定深度。

王红军：是的，我们这次课程采用的也是类似"剥离"和"拆分"的教学设计。首先是教学目的上的"剥离"，希望学生能够从塑造一个建筑的基本体量和内部空间开始，通过对体量、比例、尺度、材质、光影等基本元素的推敲，建立起物质形式与人的心理感知的关系。在此过程中，诸如社会性和功能的复杂性等因素被有意弱化了。其次，在教学步骤上进行"拆分"，类似于分解动作，每个步骤都有其针对的问题。在有限的时间内，这样的教学设计确实有助于推向深入特定问题。这种深入不仅仅表现在设计更精细，还应当是对于氛围、形态、细部、材料及构造等各种层次的相互整合。在之前的一些课程中，学生对设计中的纵向思考是不够的。他们往往在概念的引导下刚刚得到形体和空间，设计就结束了，而剩下的问题也许才是更加重要的。这个课题有意识将一些环节强化出来，使学生在这一层面上进行深化，所以是一个基于特定目标的"基本练习"。

王红军：在练习一中，我们选择了"稳定"和"张力"这组关键词，来帮助学生体会形体与

▲ (1) 练习一及练习二的过程

空间塑造中的细腻感知。在教学之初，我们也很担心这样一对略显抽象的词汇是否可以与同学形成共识性的讨论，不过通过前几周的教学，我们发现同学们的感受还是比较相通的。

王彦："稳定而有张力"也是科尔霍夫在课程训练中所强调的关键词，它们很好地概括了欧洲城市建筑给人的视觉感受。教学过程中学生对这一对词的体会程度各自不同，它们与形体和空间的比例、尺度、光影、材质都有关系。教学中需要让学生建立起身体感官与空间形体之间的联系，我们就通过讨论形体空间的长宽高、材质色彩、抛光度、尺度等具体因素是怎样影响我们的视觉感受的，来让学生建立身体与空间的联系。

王红军：这次教学很重要的一点就是在建筑本体和人的感知之间建立关联。之前的作业应该有类似的训练，但将这一问题置于真实而具体的城市环境和建筑空间中，并针对如此细微的差异展开讨论，对学生们而言确实是从未有过的。我们希望这个训练能够调动同学的观察、体验，充分打开感知。这种感知有直觉层面的心理和身体感受，也有长时间累积下来的经验审美。而后者是与城市的发展、文化传统等问题联系在一起的。

王凯：对，审美经验都是跟文化经验中的身体感受有关的。我们在强调"身体"的时候，与它相对的当然是"视觉中心主义"，而我们以往的课程训练所针对的更多的是脱离了身体感知的"形式主义"。例如我们通常所说的比例，其实涉及到两个层面：第一个层面是说建筑形式或元素在观者视觉上的呈现；第二个层面，其实是身体在建筑空间内部和建筑元素形成的关系，说到底就是建筑元素之间跟身体感知的关系。有时你会通过看到某种事物产生某种类似的行为感。比如说你看一个很粗糙的东西和一个光滑的东西，看一个木头的东西再看一个混凝土的东西引起的那种心理差距，稳定的、不稳定的，重的、轻的……这个其实是一种转化，就是说通过视觉感知引起的一种身体感知。

王彦：身体和视觉是糅在一块的。视觉是身体感知中十分重要的环节，视觉有的时候会使身体慢慢也有感觉。事实上，当我看过一个空间，并感受过以后，离开这个空间依然会有感知，视觉也无法脱离身体。不同文化背景的人，对空间的理解或许有差异，但是如果当我们针对长宽之间的比例推敲的话，又会发现相通的部分。另外，精度的控制也很重要，这确实是建筑师最基本的一种专业素质。建筑师的专业性使他对于空间尺度有足够的敏锐程度，他能够知道一厘米，甚至几毫米之间能有什么程度的差别。这也是第一个练习的目的。

王凯：第一个练习是很关键的，是将学生的感知初步打开的过程。经过开始的好奇和热情之后，很多同学难以迅速进入状态，调动自己的基本感知，进行细微比较，这也让他们开始感到迷惑。经历几次波折之后，同学们才逐渐习惯这种讨论模式。不过，这时候新的问题又出现了：由于一开始我们在解释引导中下意识的倾向，特别是多次用外滩建筑作为例子，导致一开始部分同学较多地把注意力集中在了古典风格做法上。所以，在课堂讨论中，教师一方面要把同学从风格的思维定势中解脱出来，另一方面要让同学将建筑元素还原成体积、线条和光影，通过细微地比较和推敲，探讨形式、比例以及对力的传递的感知，以及这些因素之间的相互关系带给立面气质的微妙变化。这些都需要在教学过程中引导学生通过比较来启发学生体会到。这样的探讨对学生来说确实需要一个适应的过程，其中有可以进行逻辑讨论的部分，但更多需要观察和细腻的体会。因此这一环节的教学，采用同学相互发表意见，老师参与讨论并总结的方式。我们一开始也有些担心，对一一些认识被分解的同学们的面貌会有问题。但随着授课过程的推进，发现课堂讨论，特别是同学们之间的讨论非常有效。通过这些讨论，同学们对体量的稳定和张力，以及形体和立面的一些细腻差异，逐渐有了一些相通的感受。对同学而言，这也是一个感知的触角打开的过程。

王红军： 与练习一相比，第二个小练习主要强调内部空间的塑造，包括空间的比例、光

▼ (2) 王旭东同学的假期作业——城市氛围

▼ (3) 鲁昊霏同学的假期作业——老屋一角

线、材质、洞口和界面处理等，要求对细部构造有所表达。练习还给出了明确的场地信息，希望学生的操作是建立在外部环境基础上的。值得注意的是，在练习之初，同学们往往喜欢采用或夸张的空间切割来凸显光线，形成夺人眼球的戏剧性效果，似乎这样才是"有品质"的空间，而面对一处日常性的空间却感觉无从下手。同学们可以做出很"炫"的视觉效果，却无法通过对街道氛围的阅读和对基本元素的推敲，妥帖安置一个日常性的场所。应当说，一方面对于二年级的学生，形态操作确实更容易入手，而无论是空间中的基本物质性要素，还是其背后的社会和历史语境，都需要一定的经验积累；另一方面，这也反映了当下建筑教育的某些缺失，以及一些建筑媒体过度的视觉导向的影响。

王凯： 除此之外，在"空间氛围"或"品质"的把握上，同学们也有些困难。教学过程中，我们本以为有了第一个练习的基础，同学们可以相对较快地进入练习二的状态。不过在实际教学中，我们发现由于以往的基础教学没有提供相关的训练，学生们对形式的感觉好于对真实室内空间的感知。在第一批课堂讨论的室内渲染图中，绝大部分同学的空间设计仍是一种高度概念性的空间，

▲ (4) 王劲扬同学的练习二作业

只有大概的意向，但缺乏对真实的光线、身体和尺度的基本把握。虽然在几次讨论之后，所有同学都比较迅速地解决了这些基本问题，但是空间氛围的塑造仍是相对比较难的任务。由于生活环境和体验的不同，一些同学对"空间的品质"，或者"氛围"这样的描述不容易理解。尽管教师花了精力启发引导，但是这类"感觉"问题通过课堂讨论是不太容易很快解决的。于是，我们在第二年的教学开始前增加了一个针对性的关于城市氛围的文本影像阅读练习，让同学们先通过电影文学作品等媒介，初步建立起语言—图像之间的关系。在这一学期的两个小练习中，我们都有针对性地引入了描述城市氛围的"第三个关键词"，让同学们从具体的城市基地出发去捕捉氛围和品质，从

而使这个问题有了一定的改善，取得了相对较好的效果（见图2、图3）。

王红军：从表面看这次课程的过程，似乎在"形"的推敲上花了很多力气，但我想这里应该是广义的"形"，并非只是视觉对象，其中包含了多层面的意义。以窗洞来说，从外部来看是体量中"虚"的部分，参与建筑形体秩序和逻辑的组织；从内部来说，窗是光线引入的途径和人观看外部的方式，与人的身体姿态和行为有密切的关系，它的材料会被直接感知；在具体的城市环境中，那它又会进入到城市的历时性结构和文化传统的意义网络，不可避免会从这一庞大的体系中获取参照。因此，窗的形态、比例、细部、材质、构造、光线、景观，

以及与街道、与人的关系等，这都是设计操作需要考虑的因素。这些操作都需要在物质性的层面去深化，而非用抽象的"形"可以概括的。某种程度上来说，这正是课程训练的核心（见图4）。

王彦：这次二年级的教学正是以一种"基本练习"的态度，以一种看似比较"拙"的方式对建筑中的日常因素进行重新审视与深入推敲，希望以此打开同学们的"阈值"，让他们建立思考的深度和方法，为后续的设计形成基础。这也是我们在之前讨论中的共识。

王红军：从工具上来说，这次课程比较有特点的是对透视渲染图的应用。从练习二开始，渲染图成为了讨论的主要工具。这也是科尔霍夫和希克教授等在 ETH 教学中的常用方法。记得甘昊对此有总结："首先，渲染图必须有一定的图幅，大尺寸渲染图可以使人产生客观的场景感；其次，渲染图应当具备精准的模型，能够与 1:30 的外墙构造大样相咬合；最后，渲染图视角必须真实，并且拼贴进实际场景，不可进行过多的后期处理。虽然实体模型的物理感是渲染图难以企及的，但对于传统手绘中难以言说的部分，特别是光线、材质和氛围的表达，渲染图无疑是有力的工具。并且一旦学生能够熟练地掌握相关软件，就可以配合一周两次的教学进度，迅速完成方案的探讨。"我感觉渲染确实是非常有用的手段，但在教学过程中，学生在持续推敲细部的时候容易被静态的效果所局限。这时老师要引导学生"跳出来"，把握静态画面与整体空间，以及连续体验的关系。通过这样的方式，可较为有效地交流与推进设计讨论（见图5、图6）。

王彦：A0 大幅面彩色渲染透视图可以作为研究和推进设计的有效工具。教师从图面中的某一根分缝线中就可以窥见学生对于构造的理解。当时在科尔霍夫的课程中，除了大幅面透视图外，学生还被要求提供主要墙地面材料样板，因为图与物的结合可以让人更准确地把握空间实际效果。而这次实验班课程中因为条件限制，没有办法实现，略有遗憾。

借鉴与反思

王红军：这次课程的方法部分借鉴自 ETH 的教学，特别是科尔霍夫的课程。科氏的教学方法直接来源于他的建筑理念。他对建筑的认识是与城市的历时性结构分不开的，但他对建筑与城市关系的处理，似乎是从建筑的体量和立面语汇着手的？

王彦：科尔霍夫早期在柏林做了好多项目，对柏林的城市有很深刻的观察与体会。他反对雕塑性的新建筑，认为一个建筑师要有城市感。记得他带我们看阿姆斯特丹的民居，让我们体会沿街建筑立面的母题。当地建筑立面很多采

▲ (5) 黄舒奕同学的立面推敲过程

用双窗，沿街第一户人家是平窗，第二户是尖窗，第三户的窗户外也许有半圆形的凸阳台。民居的这种灵活性是很生活化的，但母题又很明确，而且是当地特有的。这种相互之间丰富而又呼应的关系正是城市长时间发展的结果，因此科尔霍夫希望将新建筑以一种连续的方式置于城市之中，可以说城市是他的出发点。另外，科尔霍夫对于立面语言体系的重视，很容易让人联想到新古典风格，甚至是布扎体系。虽然从语言体系层面来看，他和布扎体系是一脉相承，但和布扎不一样的地方在于他不是从风格上去理解建筑语言，而是关注个体感受，将其还原成可被感知的对象。他在柏林波茨坦广场做的高层建筑，在不同尺度层面上与城市发生联系，让人看了以后觉得确实挺柏林的，这是非常现代的做法。而且波茨坦广场是不对称的，科尔霍夫在此完全没有追求古典意义上的纪念性。

王凯： 科尔霍夫和布扎的关系是很有意思的一个话题。以我们目前对布扎教育的了解，同样是非常强调对尺度、人的感知，对于建筑个性的把握以及对某种建造文化的表达，同样是运用渲染图推动对比例、品质、气氛等基本要素的推敲并进行设计，那科尔霍夫和布扎除了时代背景不同之外，区别在哪里呢？或者说，有

▼ (6) 何侃轩同学的部分成果图纸

必要区分二者吗？我们都知道，不分场合的对古典柱式的使用是现代建筑批评布扎脱离时代的最重要的罪证之一，但是反过来看，布扎体系是通过围绕古典柱式建立起一整套自律的建筑语言系统的。后期在科尔霍夫这里，他的努力其实也是类似的，他通过现代技术条件下的建筑语汇的组织，形成了一套隐喻性的建筑语言，从而与古典的建筑体系以及柏林城市的文脉建立了联系。

王红军： 科尔霍夫自身的思想和实践也有很大的跨度和转向。他在 20 世纪 80 年代早期的一些实践，多以乌托邦式的巨构体量存在于城市中，从中可以看出其对建筑公共性和城市结构的探讨。1987 年起他在 ETH 执教，随后在 90 年代，伴随着柏林墙的拆除和史迪曼（Hans Stimmann）领导的"批判性重建"，建筑师们对柏林的城市传统和现代主义城市规划的弊端进行了大量的争论和反思。也就是在这一时期，科尔霍夫的作品逐渐转向对城市传统的关注。此外，还有一条线索是罗西在 ETH 的教学和研究。70 年代以后 ETH 的学者受罗西影响很大，从这个角度来看，虽然科尔霍夫对城市建筑语汇的研究与罗西有所不同，但其关系仍值得探讨。

王彦： 也许有罗西的影响，但他的态度与罗西不同。记得当时我们做了一个设计，我将过梁简化为钢窗楣，作为立面的母题。他一看就说，我们不做罗西的东西。他认为过梁应当向两侧延伸，还要有必要的交待，以此表达力的传递。他反对符号和类型化的归纳，而是注重视觉感受和心理感知。科尔霍夫的这种态度也体现在他的材料和建构做法上，他的立面也是表达性的。

王凯： 科尔霍夫强调的是力的传递或者建造逻辑在立面上的表达，而罗西则更关注构件的文化意义。去年在实地参观了罗西的一些作品之后，我才感觉到，在某种意义上罗西和文丘里真是同时代的人，虽然在思想的根源上一个来自欧洲城市经验，一个面向美国的文化，但他们的作品中都有一点后现代性的"热闹"在里面。只不过，正如科尔霍夫自己指出的，在石油危机之后，保温层的出现让立面从真实的建造不可避免地变成了一种再现系统，科尔霍夫的"建造逻辑"也变成了对某种文化意义的保守和表达了。

王红军： 森佩尔很早就指出了覆层和构造表达的文化意义。同样，科尔霍夫也极为关注构造，构造不仅在于使各种材料合理地交接，发挥各自的功能，同时也是社会传统和文化记忆的体现。通过建造的表达，科尔霍夫希望体现出建筑的内在逻辑，建立与文化经验和城市结构的深层次关联。他藉此表达了一种态度，即建筑应当被置于时间进程所形成的参照系中，而非孤立的抽象艺术。因此，建筑的基本元素、台基、立柱、窗洞、过梁、檐口等，应当以一种建筑本身的物质逻辑去组织，体现重力的传递，体现地方性的建筑传统和生活习惯。在科尔霍夫这里，建筑语言和形态被赋予了多层次的意义，不仅仅是比例和材质，还有与光影。通过这种方式，科尔霍夫使建筑与左邻右舍、街道和城市取得关联，并以一种恰当的姿态锚固在城市历时性的结构中。

王彦： 因此我们可以看出，从建筑跟城市街区的关系，到街区连续立面中的建筑语言，以及到材料建构的表达，科尔霍夫形成了一条完整的线索。这条线索贯穿着城市性的思考，其源头是以柏林为代表的德国城市，而这样一批建筑师的实践也赋予了城市更多的延续性。

王红军： 回头再看科氏的教学，他对城市建筑的观点也贯穿在教学方法中，例如用捏泥巴这种身体操作的方式，感知形体的变化和力量；使用大比例石膏模型，研究建筑的体积与形态；利用大幅渲染图，在具体城市环境下探讨整体氛围、材料和构造，等等，这些方式对特定问题的深入非常有效。

王彦： 在我们目前的教学体系中，对于建筑物质性的认知是比较缺乏的，我想这次教学是希望以此为引子，使学生们对建筑的物质性有所认识，从而突破"概念—空间—形体"的单向维度。让学生学会如何把设计做深入，不仅是增加几根线条，而且是在对社会生活和城市连

续性理解的基础上，进行多重意义上的深化。我想科尔霍夫教授的训练方法对此是非常有效的，所以这次教学对于科氏的借鉴也主要是方法意义上的参考。而在具体内容上，我想我们很难照搬，特别是他的教学是根植于欧洲城市传统的。

王凯： 这件事我有点感触。去年暑假去旅行，是我第一次去苏黎世。最大的感受就是科尔霍夫的这种教学方法放在苏黎世是十分合适的，柏林当然就更不用说了，看到那些建筑，你能感受到非常"稳定而有张力"。所有这些新的东西和周围那些现存建筑，都互相有节制地冒一点出来，绝对不会很夸张。这可能是跟瑞士人比较富足、比较安定、略带一点保守有关系，再加上这个城市的整洁、安静、安全，自然而然地产生这样一个结果。因为每一个建筑都相似，房子放在那里，你会愿意体会那些细微的差别产生的表情。在这个基础上，那些细微的变化会有意义。但是在上海，我们去年的外滩基地那种街区较一般城区而言，虽然已经非常接近欧洲的 block 了，但每一个周围建筑都是张牙舞爪的，表情非常夸张，然后这个时候，相对比较微妙的一种东西的效果和在苏黎世是不一样的。

王凯： 回过头来看我们的课题，我们部分剥离了社会因素和其他因素，先考虑建筑本身的基本要素，研究各种要素之间能够产生出怎样

的城市表情，能产生什么样的空间感受。虽然对于上海这样一个环境来说有点奢侈，但某种意义上来说，它是一种有目的，行之有效的阶段训练。

王红军： 对，这引申下来是个很大的问题。刚刚王凯老师讲了他对苏黎世的感觉，谈到城市的稳定性和建筑之间互为说明、互相弥补的关系。但中国城市情况会有很大不同，即便是外滩这样比较连续的街区，其实也可以看出那种内在冲突和多元并置的感觉，包含了不同阶层的生活状态。一个五星酒店的不远处可能就是80元一晚的廉价旅店，洋行大楼内某几层还是几十年的公租房住户。这种社会机制形成的城市差异和多样性是我国当代城市发展的一个缩影。在教学过程中，可以看出学生在处理跟城市关系的时候，其实心里是有疑问的。什么样的外部形体和开窗方式属于这块基地？起码不像一些欧洲城市有类型和建造上的延续性。这也反映出这套教学方法确实是根植于德语区的城市传统。我同意王凯说的，这是一个好的教学方法，但搬到目前这个基地似乎让它失去了一些思考层次。也许在今后的课程中这套方法会更加落地，可以尝试去探讨上海本土城市建筑的问题。当然这个问题再衍生一步的话就是在现代语境下，一个东方的、中国的城市，需要什么样的街区和建筑，这是一个更大的问题。

王凯： 相比科尔霍夫主要从形式观察入手的方法，我们也可以看到一些完全不一样的方法，比如说从今和次郎开始，延伸到塚本由晴的对于日本城市的观察——不是基于稳定的连续性，而是基于可变的、高密度城市中的行为和机制的描述入手。这些不同的方法也许可以有一些互补性。如果这个教学真正能够像科尔霍夫在 ETH 那样发展的话，是应该在这个基础上继续讨论城市性的问题，然后发展出与上海城市相关的设计和教学方法。这些问题，我们目前还是没有标准答案。不过，标准答案也许也不是那么重要。作为一位影响深远的建筑教育家，科尔霍夫的学生们都从他这套略显刻板的教学中受益匪浅，但又没有一个人在后来的职业生涯中试图复制他的设计方法，相反他们设计风格非常多样。我想，这种基本能力的精确化训练，以及对城市建筑的正确态度的塑造，恰恰是我所理解的理想的大学专业教育，也是我们努力的目标吧。

参考文献

[1] Annegret Burg. Kollhoff: examples, esempi, Beispiele: Architekten Kollhoff und Timmermann [M]. Basel; Boston: Birkhäuser, 1998.

[2] 王凯，王红军，王彦：基本练习——一次二年级设计教学实验 [C]. 2014 全国建筑教育学术研讨会论文集，北京：中国建筑工业出版社，2014。

6

发现之旅

The Journey of Discovery

发现之旅

王英哲
WANG Yingzhe

有幸参与了由王彦、王红军和王凯三位老师2014—2016年期间针对同济大学建筑与城市规划学院实验班二年级开设的设计课程的评图，结合本人早年在ETH读书期间参与汉斯·科尔霍夫教授设计课程的经历，我来谈一些体会。

风格与建构

风格本身并不应该是被讨论的重点，但确实又特别容易引起争议——对科尔霍夫的设计课程及他本人的设计作品如是，对本身并未裹挟任何风格设定的实验班课程也如是。2014年和2015年课程的选址，以及第一期课程的初期同学们面对风格问题时呈现出的困惑——以至于老师们不得不在教学过程中努力引导他们脱离出来——都在一定程度上反映了相关问题的潜在影响。

科尔霍夫本人从未承认过自己是"古典主义者"。他在实践与教学上呈现出的形式语言的转变，一方面是因为柏林重建的契机带来的项目语境的变化——历史街区环境的连续性要求更加谨慎的言语方式，另一方面，由此引起

的对传统的反思也让科尔霍夫意识到，原现代（protomodern）是从传统中一点点摸索出来的，如果仅仅沉浸于现代主义的激情，而忘记现代主义早期所面对的是什么样的变革需求，建筑将陷入一种危险的境地——他也因此将包豪斯批判为一种误导。

因此，厘清风格问题，首先重点并不在于某种形式或风格本身，而在于"不排斥"。"不排斥"才能不带偏见地介入项目的具体语境，解放个体感受，从而一方面真正能够从历史典范中观察和学习到形式如何发挥作用，另一方面更好地思考如何通过具体的形式产生影响。这一点，对于在上海这样比欧洲城市更加复杂的城市环境中做设计，似乎显得更重要。

其次，要重视一个事实，即传统提供了成熟的语言体系。对教学而言，这有助于抵御"概念"造成的空泛，让建筑学回归它的内核。此外，传统（或前现代）提供了具有丰富的表达可能性的建筑语言，如果不假思索地对传统进行排斥、摒弃，那么无疑是放弃了一块可以不断汲取养分的沃土。

第三，建构是要点。几乎在科尔霍夫的风格转变的同期，他在"ART1991"活动框架下

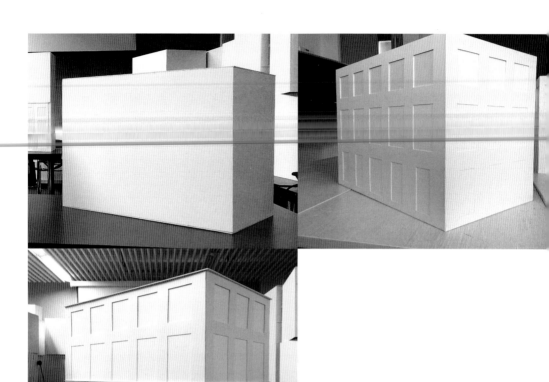

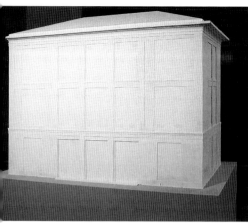

组织了以"建构。今天的建筑艺术？"（Tek-tonik. Bau-Kunst heute?）为题的建筑学研讨会，会议内容收录在1993年出版的《关于建筑艺术中的建构》（Über Tektonik in der Baukunst）一书中。其中与建构相关的观点，或许可以借用申克尔（Karl Friedrich Schinkel）所说的：建筑学是经感受提升了的构造——可以帮助我们更好地越过风格问题，进入到对一种基于身体感知的建筑语言的理解。实验班课程中强调的"稳定而有张力"可以认为是对这种语言的一种关键词式的提炼。

科尔霍夫倡导的是，通过拟人化（anthropomorphe）的方式，不仅在人体与建筑物之间、与周边的空间界面之间建立起联系，也把人体对各种力的关系的感知投射到建筑构件的组织安排中。这种形态学（Morphologie）的思考方式既与所谓的"构造上的真实性（konstruktive Ehrlichkeit）"原则划清了界限，也否定了那种伴随着对"建筑形式自律"的臆想而产生的任意性。它意味着在构造的现实及其表象之间创造一种张力。换言之，科尔霍夫的"建构"探讨的不是技术上的真实，而是基于视觉的感受上的真实。感性的认知是钥匙、是桥梁，借助它，纯理性的建造行为才能打开意义的大门，获得文化的维度。这一方面意味着一种"滞后性"，是一种"过时"——与"时髦"和"流行"相对，因为一种新的技术要经过人的感知被接受，进而进入认知层面。这需要一个过程——如我们在钢铁时代的建筑中所看到的那样。另一方面，法则并非一成不变的，因为新的技术、新的构造方式也能够改变人的感知。

无论是科尔霍夫的课程还是同济实验班的课程，都在尝试以感知作为出发点，重建身体与建筑之间的关联。

伊东丰雄曾经感慨过："我有时感到我们正在失去我们的身体的直觉。孩子们不再像以前那样在室外跑来跑去。他们坐在电脑游戏的前面。一些建筑师试图为这些新一代人用非常抽象的空间，找到一种语言。我寻找某些更简单的事物，一种仍然有身体感觉的抽象概念。"

具体与整体

科尔霍夫这种在建筑语言体系上"作茧自缚"式的教学方法有效地抛弃了随意性的形体，使设计的注意力重新聚焦到诸如比例、尺度、光影、氛围这些具体的建筑学基本要素上。他执教25年一直持续着被他类比为钢琴学习中的"指法练习"的"预练习（Vorübung）"，这成为他教学的一大特色。这种方法也在实验班课程中被着重借鉴，三年的课程中前后共设置了涉及体量、光影、比例、空间、尺度、材质、场所、城市空间、结构共9个基本主题的小练习，从练习的反馈来看，这样的方法发挥了良好的效果。

这些小练习，每次都是针对特定问题进行聚焦，使得这些基本要素能够真正被具体地深入思考和讨论。被拆解出来的具体问题，都需要被精简到足够纯粹。以"白色模型"的练习环节为例，在科尔霍夫的课程里需要从纯白的石膏立方实体开始雕琢（在实验班里以纯白的卡纸模型取代），单纯地探讨体量、比例和光影。

这些看似散点式的训练并非随机的抽取组合，它们从属于一个连续的设计过程，是进程中的"分步骤"、整体里的局部。这种探讨具体的局部的同时关注整体关系的态度，在小练习的要求中有着明确的设定。例如，室内渲染训练中，要求室内人物的视角选择能透过立面洞口看到外部城市场景——这是在强调具体环境影响的同时，回应建筑所处的城市区域这个大的整体；"白色模型"练习在聚焦体量光影的同时，也因其"整料雕琢（monolithisch）"般的表里如一，消除了细节与整体之间的分离，从而强化了学生们对于建筑"整体"的认识和把握——这点在实验班的课程中，因为条件限制而用白卡替代，一定程度上弱化了对"整体性"的贯彻。

这就涉及到了"物质性"的问题。科尔霍夫的课程和实验班课程都是通过大幅拟真渲染的方式讨论具体设计，因此还是会和具体的物质感之间有一定距离。在这方面，科尔霍夫早期的课程设置是通过与设计课程平行的专门的构造课来平衡——"利用工业产品的试验设计（Experimentalles Entwerfen mit Industrieprodukten）"。这门课从具体的工业预制产品出发，研究和讨论各种产品的特定造型潜力。所以，各课程设置之间的相互协调是科尔霍夫，或说是 ETH 设计课程所属的重要的"整体"。历史、构造、结构、设备……各课程之间内在的整体配合是科尔霍夫的课程特色得以发挥效果的重要基础，实验班设计课程后续如果进一步发展，应该也需要能够在宏观课程设置上得到更加整体的支撑和协同。

除了拆解的训练，科尔霍夫课程的另一个显著特点是他对生活的关注："在它的丰富与力量，以及它的细腻微差（Nuanciertheit）中蕴含着建筑学的未来。"这种对具体的、（本以为）熟悉的物的再发现，并以此为创造之源的态度，也折射在实验班以"日常"为切入点的系列课程设置思路中。

设计与日常生活的脱节，在历史上每隔一定的时期都有出现，继而也都有不同形式的"回归本源"的反思。例如20世纪50年代的波普艺术就通过近乎激进的方式让人们重新正视因所谓"高雅—低俗"之分而被简单粗暴地排斥在外的现代日常生活本身，开启"再发现"之旅。

关注日常、关注生活本身，意味着兼顾两个方面：一方面是普遍的、互通的整体性，另一方面是基于上面提到的"微差"构成的丰富性。整体性使他人的生活阅历如同自我的生活体验一样可以被理解、被感受、被调用；丰富性让"发现"和"再发现"成为可能。经由"再发现"，原本因为耳熟能详、过度熟悉而失去魅力的东西，再次鲜活起来；经由"发现"，

陌生文化背景下的"习以为常"可以成为他山之石。"熟悉"与"陌生"在这里构成互补且可以相互转化的两极。"熟悉"赋予文化向度上的纵深，"陌生"带来进化与活力。因此，适度"陌生化"可以作为一种有效的手段——这是 ETH 的另一位著名教授米罗斯拉夫·希克教学与研究中的要点——"类比建筑学"也就成为在整体（ensemble）中谐调统一与差异的方法之一。

如此，回顾同济实验班 2016 年作业展的题目"非常 | 日常"，以及 2017 年《建筑创作》杂志关于实验班教学的专辑名称"从日常到非常"，就能够更好地理解课程设置的初衷。再看课程的结果，也更有理由相信相关愿景的可期。

最初从科尔霍夫教授教学体系脱胎而来的实验班设计课程，在三年中不断尝试、反思、调整，本身也经历着对其范本的"陌生化"进程。新的教学体系的构建，需要更长时间的积累才能逐渐完善。在这个过程中，既孕育着未来无限可能，同时也会面临在丰富多变的思潮冲刷下如何保持课程训练的凝练与聚焦的挑战。

作为"实验"，三年的实践无疑是成功的。仅就重新唤起对建筑学基本问题的关注这一点而言，其影响就已弥散到校园之外，展现出应对目前国内建筑设计领域一方面日益"奇观化"过度求变的纷扰和另一方面过度强调乡愁带来的故步自封的潜力。

2020 年肆虐全球的疫情，应该足以证明，那些最基本的问题才是真正重要的。

●2012级实验班学生名单

葛梦婷	GE Mengting
何星宇	HE Xingyu
胡 淼	HU Miao
黄炜乐	HUANG Weile
金 屿	JIN Yu
刘育黎	LIU Yuli
李振燊	LI Zhenshen
孙 桢	SUN Zhen
汤胜男	TANG Shengnan
王梅洁	WANG Meijie
王舟童	WANG Zhoutong
王卓浩	WANG Zhuohao
魏嘉彬	WEI Jiabin
吴依秋	WU Yiqiu
解李烜	XIE Lixuan
闫 爽	YAN Shuang
杨 竞	YANG Jing
张 季	ZHANG Ji
张琬舒	ZHANG Wanshu
朱旭栋	ZHU Xudong

●2012级评图嘉宾

王英哲	Wang Yingzhe
甘 昊	Gan Hao
卢永毅	Lu Yongyi
黄一如	HUANG Yiru
王方戟	WANG Fangji
程 蓉	CHENG Rong

●2013级实验班学生名单

陈 俐	CHEN Li
陈路平	CHEN Luping
冯 田	FENG Tian
高雨辰	GAO Yuchen
何侃轩	HE Kanxuan
花 炜	HUA Wei
黄舒弈	HUANG Shuyi
贾姗姗	JIA Shanshan
鲁昊霏	LU Haofei
陆奕宁	LU Yining
罗芈宁	LUO Xinning
申 程	SHEN Cheng
田 园	TIAN Yuan
王劲扬	WANG Jinyang
王旭东	WANG Xudong
王兆一	WANG Zhaoyi
熊晏婷	XIONG Yanting
张万霖	ZHANG Wanlin
张晓雅	ZHANG Xiaoya
周雨茜	ZHOU Yuqian
朱 玉	ZHU Yu

●2013级评图嘉宾

黄一如	HUANG Yiru
张建龙	ZHANG Jianlong
王方戟	WANG Fangji
甘 昊	GAN Hao
刘可南	LIU Kenan

●2013级助教

毕敬媛	BI Jingyuan

●2014级实验班学生名单

白一江	BAI Yijiang
陈 锟	CHEN Kun
邓希帆	DENG Xifan
樊 婕	FAN Jie
房 玥	FANG Yue
顾金怡	GU Jinyi
华心宁	HUA Xinning
黄于青	HUANG Yuqing
李墨君	LI Mojun

李云宏	LI Yunhong
林 敏	LIN Min
刘思腾	LIU Siteng
罗西若	LUO Xiruo
邱雁冰	QIU Yanbing
汪 滢	WANG Ying
王宣儒	WANG Xuanru
王子宜	WANG Ziyi
杨天周	YANG Tianzhou
叶子桐	YE Zitong
张浩瑞	ZHANG Haorui
张雯珺	ZHANG Wenjun

●2014级评图嘉宾

王方戟	WANG Fangji
陈屹峰	CHEN Yifeng
虞 刚	YU Gang

●2014级助教

洪 菲	HONG Fei

图书在版编目（ＣＩＰ）数据

基本练习：同济大学建筑与城市规划学院实验班教学档案
／王彦，王红军，王凯编著. -- 上海：同济大学出版社，2023.2
ISBN 978-7-5765-0554-2

Ⅰ.①基… Ⅱ.①王… ②王… ③王… Ⅲ.①建筑学
－教学研究－高等学校 Ⅳ.① TU-0

中国版本图书馆 CIP 数据核字 (2022) 第 251467 号

基本练习

同济大学建筑与城市规划学院实验班教学档案

王彦 / 王红军 / 王凯 编著

出版人｜金英伟
责任编辑｜晁艳
实习编辑｜苏文
平面设计｜KiKi
责任校对｜徐逢乔
版 次｜2023 年 2 月第 1 版
印 次｜2023 年 2 月第 1 次印刷
印 刷｜上海丽佳制版印刷有限公司
开 本｜889mm×1194mm 1/24
印 张｜$7\frac{2}{3}$
字 数｜239 000
书 号｜ISBN 978-7-5765-0554-2
定 价｜68.00 元
出版发行｜同济大学出版社
地 址｜上海市四平路 1239 号
邮政编码｜200092
网 址｜http://www.tongjipress.com.cn

Luminocity.cn

光 明 城

LUMINOCITY

"光明城"是同济大学出版社
城市、建筑、设计专业出版
品牌，致力以更新的出版理
念、更敏锐的视角、更积极
的态度，回应今天中国城市、
建筑与设计领域的问题。